# 重機操控
# 升級計畫

TOP RIDER

流行騎士系列叢書

# 重機操控升級計畫

# 01

# 騎乘姿勢 前趨vs後移

## 就坐位置決定過彎效能

# CHAPTER 1

# 騎姿的選擇：前趨vs.後移！

藉由騎乘位置的不同，產生多樣化的過彎方式！

到底是前趨或後移，這個話題從以前開始就一直議論紛紛，
畢竟不管是用哪一種方式，都可使車體完成過彎與轉向的動作，
因此，對於過彎方式的選擇，毋寧是騎士本身的一種堅持。
但是，由於最近超跑的座位尺寸較長，
因此「根本搞不懂要坐哪」的騎士也有增加的趨勢。
不過，當我們試著配合各種狀況去改變騎乘位置時，
卻發現車體在轉向上發生了相當有趣的變化！

POINT 1

# 90%的騎士是以「前趨」來駕馭

## 通常你是坐在哪個位置上呢？

**摩托車坐墊長度可說是意外的長。**
**而絕大多數騎士在騎乘仿賽車時，都是採「前趨」的騎乘姿勢。**
**「在無意識的情況下採用前趨姿勢」，這裡頭可是大有文章喔！**

### 摩托車本身的構造促使騎士採用前趨騎姿

對於被問到自己是採「前趨或後移」的騎乘姿勢時，基本上能夠立即回答的人應該不多。不過，當我們加以確認後即可發現，其實大多數的人都是採「前趨」姿勢。

跑車系當然不用多說，但除了休旅車與美式機車外，就連街車也有這種傾向。照理說，在騎乘時應該不會特別去注意這方面細節，但為何絕大多數的人都會有這種現象呢？

其實，這是因為摩托車本身的構造與形狀所造成的。特別是跑車系，只要你不要過度刻意，就應該都會呈前趨的騎乘姿勢。

## 由於重心較近故能輕鬆過彎

雖然隨車種不同而有差異，不過摩托車的重心大多位於引擎傳動軸的後方。因此，當騎士採前趨騎姿時，可一口氣拉近與車體重心的距離，而這也是前趨姿勢最大的優點，因為當騎士與車體重心的距離拉近時，將可更為輕鬆地駕馭車體過彎。同時，相對於車體的動作，由於騎士身體的運動量較少，即使是較銳利的下壓角度，也可獲得較大的安心感。雖然這種騎姿將導致方向變換時車體反應較慢，但在速度較低的髮夾彎及市中心的十字路口等處，它卻能夠充分對應。其他例如在較不擅長的右彎或迴轉想提升安心感時，這個騎姿也相當有效喔。

## 前趨騎姿較為輕鬆的原因，就是因為座位前傾的緣故

當我們試著從側面看跑車的座位時，就可發現它有明顯的「前傾」現象。這是為了讓騎士能夠更輕易掌握前趨姿勢，同時在移動腰身時，讓大腿也能確實與座面密合，使身體更加平穩。而且，對於座高較高的車體，在雙腳觸地性方面也可充分對應。所以當騎士身體容易向前移動時，必然的就容易呈現前趨的騎乘姿勢。因此跟騎士的體型無關，坐墊也是導致容易呈現前趨騎姿的原因之一喔。

首先就構造上而言，由於騎士越接近車體的重心位置，就越能夠展現靈敏的過彎動作。而且，當車體在下壓時，車體軸心將會位於重心附近，所以騎士身體對車體軸心所產生的運動量也會較少，因此前趨的騎乘方法不但可說是「可以簡單過關，並減少不安感」的騎乘姿勢。此外，由於面對不熟的彎道、進路突然的改變或狀況較多的市區道路時，前趨姿勢對騎士的負擔都比較小，因此騎士才會就本能上的直覺，而去選擇了這個騎乘位置。

說穿了，前趨的騎乘姿勢不但可以輕鬆過彎，而且也不會有任何的不順感。那麼，一般的機車雜誌所提到「重心後移」的騎乘姿勢，究竟又是為何呢？

### 在這種地方，建議你使用前趨方式來騎乘

髮夾彎

前趨騎姿能夠在急遽的迴旋中更快速傾斜。在低速時遇上下壓角度較大的彎道，也能減少不安感。

市區街道

在低速時以前趨姿勢在市區街道上大幅變換方向也相當輕鬆，同時變換車道時也可較為迅速。

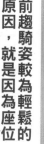

POINT 2

# 若追求過彎快感，得採取後移騎姿

## 導引出摩托車的過彎性能

**如果騎著跑車而不去享受過彎樂趣，那將是非常可惜的一件事。如果要把摩托車的「過彎性能」完全導引出來，後移的騎乘方式可是不可欠缺的喔。**

### 採用後移騎乘姿勢會有哪些優點呢？

當騎士採前趨的騎乘方法時，由於與車體的重心較為接近，因此可以以較為敏捷的速度來傾斜車體。不過，也因為騎士的重心位置位於後輪接地點前方，所以以後輪為軸心的車體下壓，將會產生延遲的現象。也就是說，此時車體前部的轉向雖然較快，但是卻也造成了車身整體過彎性能的遲緩。或許在髮夾彎等低速彎道上，它可以輕鬆地制馭車體，但是一旦速度提升時，就會有障礙產生。

相反地，當騎士採「後移」騎姿時，由於身體的重心與後輪接地點位於相同或較後方的位置，所以以後輪為軸心的過彎性能將會較強，也因此連帶提升了車體的轉向力。

而且，藉由後輪載重的增加，動能的反應也會加以提升，所以除了方向安定性能的增加，就連後輪的抓地力也會因此而上升。

總而言之，積極且強而有力的過彎方法，非後移騎姿莫屬，而這也是轉向性能較弱的舊型機車大多採用後移騎姿的最大原因。所以，對於中速以上彎道較多的山區道路而言，後移騎姿的方式才能充分體會那快感喔。

## 摩托車轉彎的原理與單輪車相同？

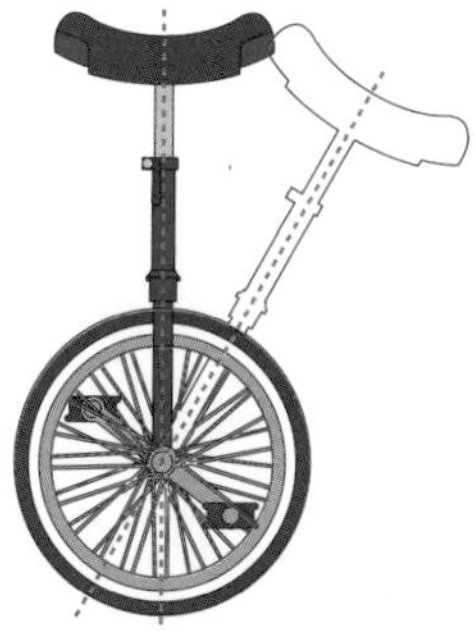

基本上，單輪車如果是呈直立狀態，那麼幾乎可說是和摩托車前趨騎姿擁有相同的重心位置。當原地踩動時，它將可輕易變換方向，不過如果是要一邊前進且一邊安穩地轉彎時，就會有些許的難度產生。相反地，當它前傾時，就可以較快的速度來進行轉彎的動作。或許坐墊的前傾容易造成旁觀者感官上的錯覺，但其實這個前傾的動作就和摩托車騎士將騎乘位置置於後方時相同（與輪胎的接地點相比，身體的重心則位於更後方的位置）。也就是說，當單輪車的速度逐漸提升時，前傾的強度也會隨之增加，而這時候傾斜所發揮的效能，就像是摩托車以高速行駛的狀態，也就是騎士若採後移騎姿，反倒能更順利完成過彎動作。

## 若以前趨方式騎乘會有較高的風險喔

不管是什麼樣的摩托車，在過彎時的主角絕對是後輪。因此，如果採前趨姿勢騎乘，雖然可以較接近車體的重心位置，並輕鬆操控車體，不過卻會造成後部載重的不足。或許在不需抓地力及較深的下壓角度時，這並不會有任何問題產生，但是當速度提升之後，對於方向變換、安定性與前輪的自由性方面，不會產生任何妨礙的後移騎姿反而比較安全且效能也較高。總而言之，前趨騎姿在高速時的風險可是相當大的，絕對不要冒險嘗試喔！

### 中速以上的彎道上，建議使用後移方式騎乘

如果追求的是下壓時的速度與方向變換時的強悍感，那麼後移騎姿將會比較有利，而且也能增加車體的運動能量。

對於高速道路的轉彎或高速彎道，如果刻意意識後移的騎姿，將可以較淺的下壓來變換車體的方向。

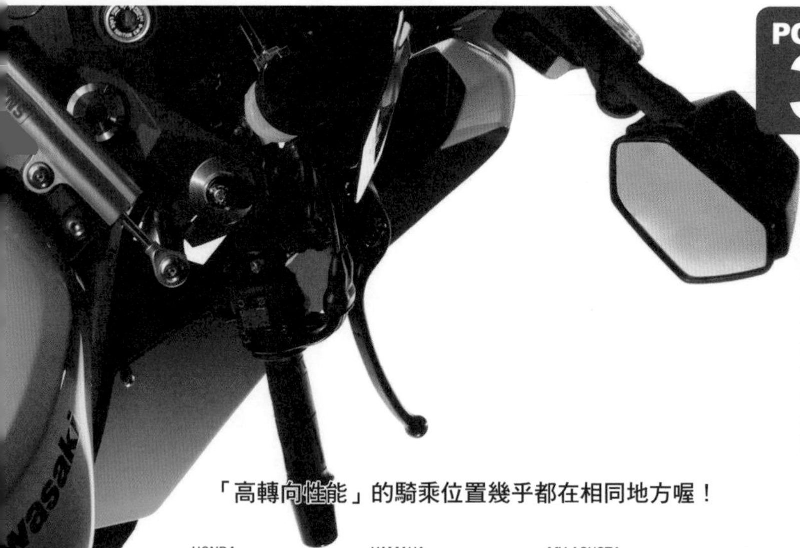

# POINT 3 最佳的轉向位置 就在70公分處！

## 大概就是以1個拳頭為基準！

「高轉向性能」的騎乘位置幾乎都在相同地方喔！

| 騎士身高 | HONDA CBR1000RR | YAMAHA YZF-R1 | MV AGUSTA F4-RR 1078 |
| --- | --- | --- | --- |
| |  |  |  |
| 176cm | 67 | 68 | 68 |
| 166cm | 66 | 66 | 67 |

| 騎士身高 | KAWASAKI ZRX1200 DAEG | HONDA CB1300SF | SUZUKI HAYABUSA 1300 |
| --- | --- | --- | --- |
| |  |  |  |
| 176cm | 65 | 67 | 72 |
| 166cm | 65 | 65 | 70 |

雖然說後移騎姿會比較恰當，不過到底要騎乘於坐墊上的哪個位置呢？畢竟，摩托車不僅種類繁多，每個人的體型也有所差異，究竟「最適合的騎乘位置」到底在哪呢？

在這邊，我們做了個小實驗，也就是請身高176cm與身高166cm的兩位騎士，來試乘各類不同的車款，並找出自己認為最適合過彎的騎乘位置。結果，我們所看到的令人大吃一驚，因為不管是超跑、街車或是大型車款，幾乎都出現了一樣的情形，而且不論是4汽缸或雙汽缸等排氣量及引擎的差異，它們大部分的乘坐

| 騎士身高 | DUCATI 1198s | KAWASAKI ZX-10R | HONDA CBR600RR |
|---|---|---|---|
| 176cm | 66 | 68 | 67 |
| 166cm | 66 | 69 | 66 |

| 騎士身高 | YAMAHA XJR 1300 | DUCATI MONSTER 696 | BMW K1300S |
|---|---|---|---|
| 176cm | 73 | 64 | 65 |
| 166cm | 69 | 65 | 61 |

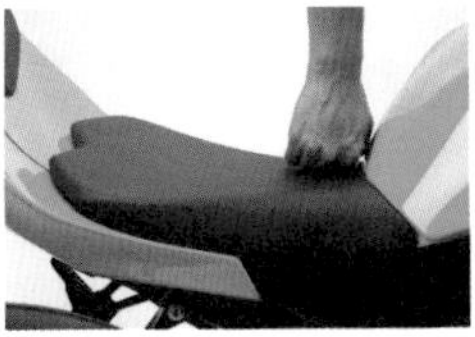

位置都落於從轉向軸承算起的70cm處。因此，雖然他們兩個身高有些差距，但是結果卻只有1～2cm的變化。

這個70cm的數值，其實和多數的舊型機車相同。也就是說，即使變更了搖臂的長度或前叉夾角的角度，這個對車體在轉向上最有效率的位置也不曾改變。

不過話說回來，如果你想找出這個70cm的位置，其實有個簡單的方法，就是請你與油箱保持約1個拳頭的位置，因為這個位置大約就是我們所說的70cm處。然後，你就可以用這個位置為基準前後移動看看，相信很輕鬆就可以找出屬於你的最佳位置喔！

POINT 4

# 善用上半身讓過彎更輕鬆

## 調整姿勢增加過彎時的效能

**雖然我們找出了最佳騎乘位置的「70cm」處，但是如果充分利用上半身，那麼將可增加過彎時的效能。建議你不妨試著去意識著身體重心的方向，並嘗試看看起身及俯臥的動作。**

對於前趨與後移騎乘方式的差異，你已經感覺出來了嗎？或許有人會說「因為體型較小，所以不容易往後坐。」或者是「一不注意，身體就往前滑了。」其實在這種時候，如果你可以善加利用上半身，那麼將可更順暢地過彎。

首先，採後移騎姿最大的理由，就是讓身體的重心置於後輪接地點的上方，以增加過彎時的強度。接下來，請你一邊意識著這個狀態，並試著去變化上半身的姿勢。不過須注意，如果注入太多力量於把手上，將會對前輪轉彎時造成影響。

特別是身材較小的騎士在俯臥時，應該就可以清楚感覺到，身體的後移會變得相當輕鬆。而且，即使是體型較大的騎士，應該也可以藉由上半身的運用，而感覺到過彎時所產生的變化。如果感覺好像沒什麼變化，不妨再次確認是不是手腕過度用力，或者是呈「大屁股」的騎姿所造成的。而且，也不要因為不喜歡上半身的過度傾斜，而將力量全都集中於下半身。此外，如果上半身過度使力，也會造成身體重心的分散，反倒會令過彎的效率降低，因而喪失了採用後移騎姿的意義。

如果可以謹記上述的要點去進行嘗試，一般而言越是體型較小的騎士，越能感受到過彎時的效率。如果是體型較大的騎士，由於過度前傾將會增加車體重心附近的重量，進而降低過彎時的效能，所以上半身要略為仰起，才能展現較為強力的過彎性能。

或許當我們在看那些職業車手時會認為，體型小的有時候反而會將上半身挺起，而相反地體型大的則會採前趨的騎姿，不過請不要忘記，這是因為他們能夠自在地控制身體的重心。另外，由於工廠車體大多是配合騎士的體型所設計的，所以或許看似前趨騎姿，但其實絕大部分還是後移的騎姿居多。

因此，雖然說單單模仿職業車手的姿勢並不是正確答案，但對於他們為了提升過彎效率所下的種種工夫，則值得我們去做參考。

首先，請你將身體坐於「70cm」處，並導入上半身的姿勢以增加過彎時的強度。同時，配合彎道的大小與速度，如此一來，相信你一定就可以尋找出最舒適的過彎方式。

## 若要感覺兩者差異 不妨試試同側傾斜

超跑通常都是以內傾為設計導向，但是如果想要簡單地體會前趨與後移騎姿的差異，建議你不妨試試同傾騎姿。這是因為採同傾時，騎士的身體並不像採內傾時那樣積極，因此很容易就可以感覺出前趨與後移的差異性。建議你可以用前趨騎姿採同傾方式從髮夾彎騎乘到高速彎道，接下來再以後移騎姿採同樣方式體驗看看，相信你就會瞭解其差異所在。

## 藉由上半身的姿勢營造出「後移騎姿」

前趨或後移，說穿了就是騎士的身體重心所面對的方向；前趨時為車體重心（引擎附近），而後移時則為後輪接地點。所以，當跨上車體時，坐落的位置雖然也相當重要，但是藉由上半身的使用，也可以讓身體的重心產生變化（載重的變化）。只要不過度使力於把手上，並妥善運用上半身的起伏動作，你一定可以感覺出過彎時所產生的變化。因此，當你的騎乘位置決定之後，就記得在上半身多下點工夫。不過須注意，如果此時注入太多力量，以手腕硬撐於把手上，將會抑制前輪自由的動作，而導致過彎性能的下降。

## 體型較小的騎士應該俯臥讓身體後移

體格較好的騎士，不論是坐於坐墊的哪個位置都不成問題，不過如果是體型較小的騎士要騎乘於大型跑車的後部，那將會顯得十分吃力。所以，當你有這種困擾時，不妨試著將身體俯臥，相信你不但可以輕鬆地碰觸到把手，也可以很自然地乘坐於坐墊後部。可是，如果身體過度前傾，將會無法順利地乘坐於車體後部，所以須多加留意（即使是體格較高的騎士，也應當注意）。此外，由於以乘坐於後方的姿

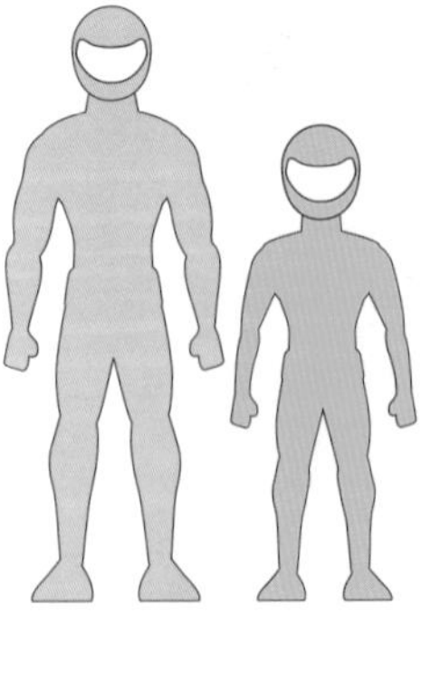

勢來停車時，雙腳的觸地感會比較不佳，因此在車體快停止前，就應該將身體前移，然後當再次起步時，可別忘了要恢復之前的姿勢喔。

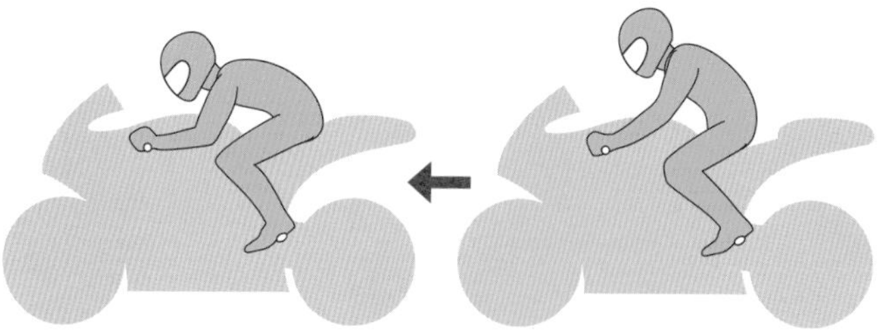

## 記得不要挺胸而要形成貓背

儘管說是後移騎姿，但是如果呈「大屁股」姿勢，那麼反倒會分散身體的重心。此外，由於上半身是以操控把手來支撐的，因此如果過度出力，將會造成過彎性能的下降，所以記得騎乘時要稍微縮肚臍，並採微微的前傾姿勢。雖然自己要判斷姿勢並不是一件簡單的事，但如果是挺胸呈大屁股的姿勢，不但下巴會自然上揚，手腕也會過度使力。因此，只要記住這兩點，稍微縮下巴並微彎手肘，然後放鬆手腕的力量，如此一來就可以確實做出將載重集中於後輪的後移騎姿了。

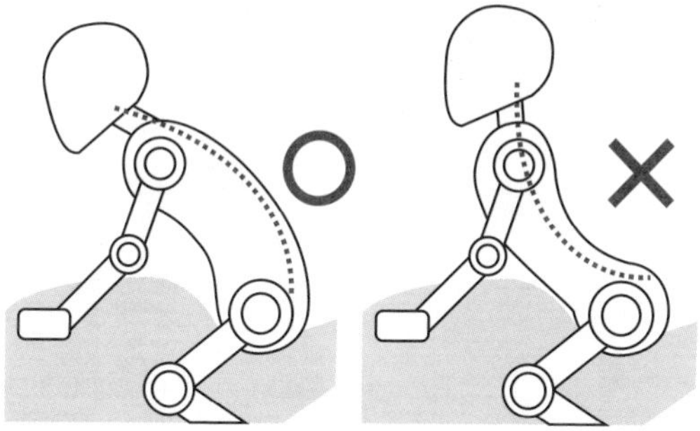

## 將腳趾閉起之後自然呈現夾膝狀態

雖然前面說了這麼多，不過超跑的坐墊設計還是讓人容易下滑，其主要的原因就在於不易撐住下半身。但是，其實只要一個輕輕的夾膝動作，就可以解決這個問題。儘管如此，如果膝蓋過度用力去夾緊油箱，那麼將會把無謂的力量加諸於車體上。所以這個時候，應避免過度意識膝蓋的問題，只要微縮肚臍並將腳趾向前，就可以自然地讓膝蓋內夾，完成夾膝的動作。如此一來，即使是同傾，也可以平穩地穩住身軀喔！

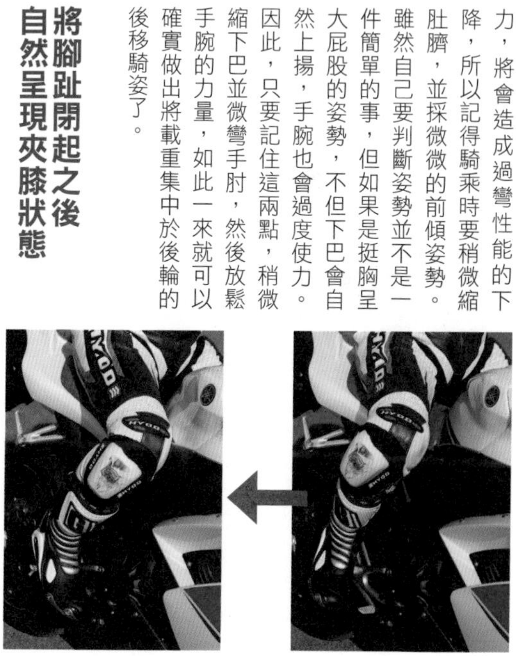

POINT 5

# 頂尖騎士的騎乘姿勢

## 一起來看看在最高殿堂競技的車手們的選擇

**即使是在最高峰前趨或後移也是討論話題？**

在頂尖的 MotoGP 世界中，個人風格十足的騎士真的非常多。其中較具代表性的就有 Casey Stoner 與 Mick Doohan。以下就從 GP 選手的騎姿分析其中差異。

Casey Stoner
比任何人都還要更早就開始催動油門加速的，就是 Casey Stoner。雖然他的身材並不高大，但是卻比任何人都還要積極地追求車體的動能。他採用的，可是非常誇張的後移騎姿喔。

Mick Doohan
當 Mick Doohan 剛闖進 WGP 時，他可是採個性十足的前趨姿勢來騎乘。不過，他在發生重大車禍之後，就乖乖地順從車體的反應，改為後移騎姿，之後連續獲得了許多獎盃。

Colin Edwards
身材高大的 Colin Edwards 選手也是前趨騎姿的愛好者之一。不過他採用的不是「覆蓋式騎姿」，他可是一邊加注力量於前輪上，一邊用屁股來增加後輪的載重。不知道你有沒有發現呢？

# 02

# 輕鬆提升
# 轉向能力

## 讓你擺脫被海放的宿命

CHAPTER 2

# 輕鬆提升轉向力的特效藥

## 讓你擺脫被海放的宿命

在連續小彎中奔馳時總會發現到，
經驗老到的前輩在殺彎時總是顯得一派輕鬆，
就算用盡吃奶的力氣還是追不上他，
而且還漸漸地看不到前輩的車尾燈。
就算進彎時可以將距離拉近一點，但出彎時馬上就會被放掉。
難道是前輩的車子比較快嗎？
為什麼明明車子的傾角並不大，
卻又能展現出極高的過彎性能呢？

## 本章特效藥對有以下症狀的騎士特別有效

進彎時有勇無謀的騎士

不擅於處理連續彎道的騎士

傾角在彎道後半加深的騎士

# POINT 1

# 要享受彎道，得先跨越恐懼？

## 為何老手總是能泰然面對彎道呢？

**難道這些以超快速度進入盲彎的老鳥騎士**
**都是些不要命的亡命之徒嗎？**
**其實在這當中隱藏著許多提升騎乘技巧的祕密**

### 取線偏內側 會看不到前方路況

遇到盲彎通常會讓人產生彎不過去的心理壓力，也因此在處理盲彎時，都會下意識地將進彎取線往內側靠近，以為這樣做就能安穩地解決盲彎（右彎的話取線就會往路肩靠近）。相反地，老鳥車手在處理盲彎時通常都會深入彎道後才開始轉向。為什麼老手可以做到這一點呢？其實這是因為老手比較能夠判讀彎道的曲率，而且只要將進彎取線保持在外側，就能夠輕易看見彎道出口，也能夠提早出彎大手油門。相反地，進彎偏中線的取線方式，較不容易見到彎道的出口，出彎曲線容易外抛，也無法順利大手油門。

### 內側取線的缺點

若是沿著中線過彎不僅看不到彎道的出口，加速時更會因為曲線外拋，影響了開油門的時間

### 外側取線的優點

現在來到了暫定的進彎點。這時將視線往前方路況看一下，應該是可以看見彎道出口的；接著開始轉向，這麼一來也能夠早點開油門出彎了。

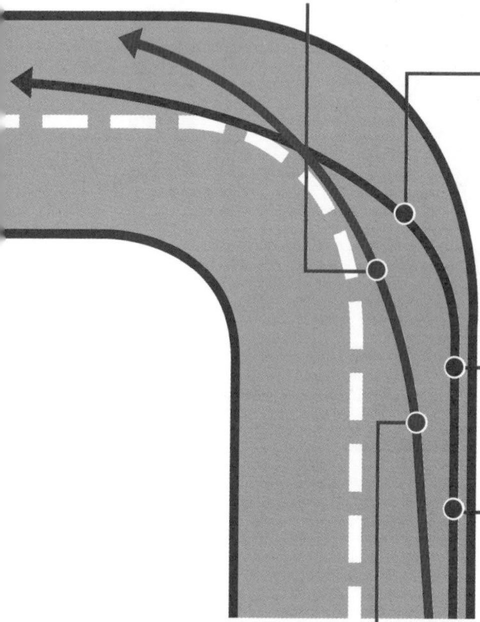

### 外側取線的優點

在保持外側進彎取線的同時，也要開始預測彎道曲率以及過彎的方式。此外，預先決定進彎點的動作，也要同時進行。

### 內側取線的缺點

不知道彎道的曲率，只好沿著中線行駛。不過，這麼一來視野會變得狹窄不說，還會增加目測前方路況的難度。

### 外側取線的優點

圖中是一個標準的盲彎，從正面看的時候，完全無法預測這個盲彎的曲率。

POINT 2

# 將目光放在前方路況

## 解決過彎問題的先決條件

**對於經驗尚淺的騎士而言，看著老手攻入盲彎的取線，難免讓人萌生「克服恐懼才能達到此境界」的想法，其實這些多餘顧慮是因為忽略了「騎車就是要看著前方」的簡單觀念**

### 面朝前方好處多

首先，老鳥跟菜鳥過彎時的最大差異，就在於進彎的取線。多數的騎士在遇到盲彎時，多半會產生「要是彎不過去怎麼辦」的心理壓力，因此會下意識地將進彎取線往內側偏，同時眼睛的目光也會從遠方拉回近處。這麼一來不僅會因為視野縮短而看不到前方的路況，更會陷入不知何時能夠開油門的窘境。

相較之下，老鳥車手在進彎前，都是保持著外側且筆直行進，視野也不會固定於眼前，此外，他還能夠由外側防護欄的曲率，來判讀眼前彎道的大小，不管怎麼做就是不會讓進彎取線沿著內側走。

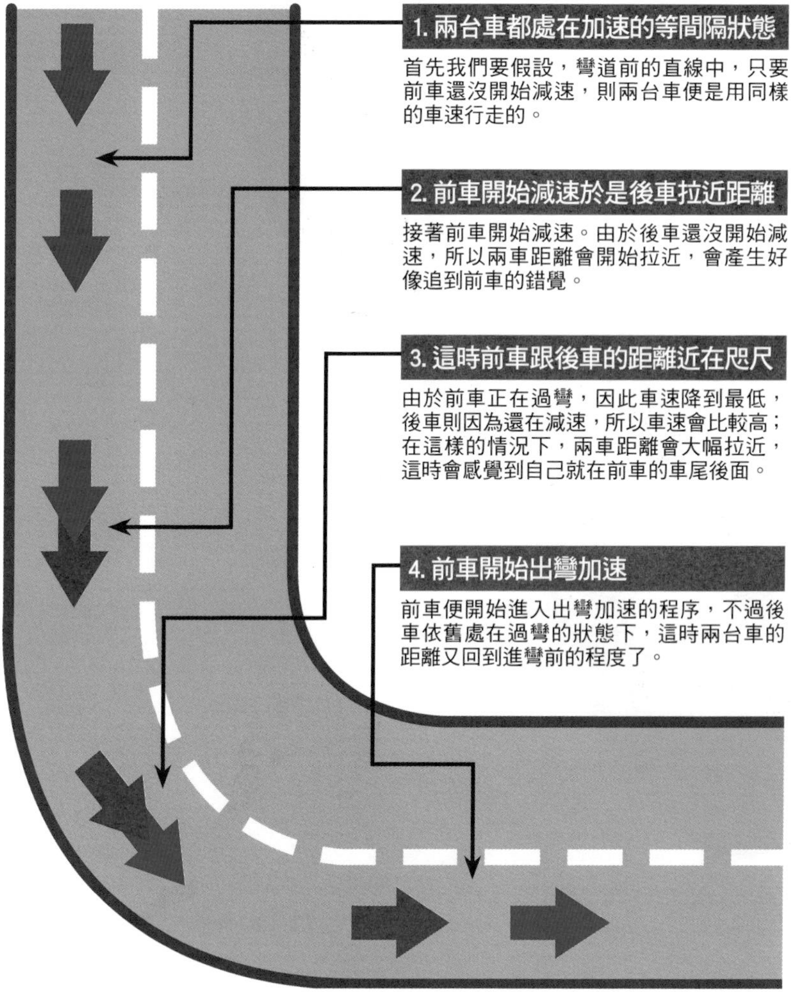
1. 兩台車都處在加速的等間隔狀態
首先我們要假設，彎道前的直線中，只要前車還沒開始減速，則兩台車便是用同樣的車速行走的。
2. 前車開始減速於是後車拉近距離
接著前車開始減速。由於後車還沒開始減速，所以兩車距離會開始拉近，會產生好像追到前車的錯覺。
3. 這時前車跟後車的距離近在咫尺
由於前車正在過彎，因此車速降到最低，後車則因為還在減速，所以車速會比較高；在這樣的情況下，兩車距離會大幅拉近，這時會感覺到自己就在前車的車尾後面。
4. 前車開始出彎加速
前車便開始進入出彎加速的程序，不過後車依舊處在過彎的狀態下，這時兩台車的距離又回到進彎前的程度了。

## 進彎時拉進車距不過是種錯覺

「進彎的時候明明與前車的距離拉近了不少，但是出彎時卻又整個被海放掉，難道前車的性能真的比我好嗎？」

其實，這只是你的錯覺。進彎到出彎這段程序，不過就是減速跟加速的過程而已；也就是說在這段過程中，自己的車跟前車並非保持在一個等速的狀態下。現在假設一台車在前面，另一台車在後面，就算這兩台車的騎乘方式相同，也不會因為減速跟加速的時間差而產生順序上的改變，反而會成為圖示這樣的狀況。所以說，被先出彎的前車給放掉，是相當正常的。

POINT 3

# 「轉向」便是分水嶺

## 重點就在於掌握「進彎點」

**過彎時變得恐懼不安的你**
**知道該怎麼抓進彎點嗎？**
**經驗老到的車手在這方面可是很在行的喔！**

### 何謂轉向？

如同圖中所示，當車輛在過彎的時候，前輪是追隨著後輪的軌跡走的，因此前輪的軌跡要比後輪來得大。另外，當後輪（泛指車身）傾倒的時候，前輪會自動往內切，這麼一來前輪就會往轉彎的方向前進。但是，由於前輪的轉向軌跡不會超出車輛的軸距，而且轉得又比後輪早，因此前輪的轉向軌跡要比後輪來得大。

雖說不用這麼講究車子也一樣能過彎，但如能妥善運用摩托車過彎原理的話，相信一定可以讓過彎變得更舒適、更有效率。這一點也是分辨出老鳥跟菜鳥的最大分水嶺。

## 前輪的轉向軌跡比後輪要來得大

摩托車傾倒的時候其實是後輪先倒下去的，為了讓轉向軌跡緊隨著後輪的前輪能夠進入做舵角的程序，就必須讓前輪以較大的轉向軌跡去追上後輪。所以，轉向的時候千萬不要去對車把出力，以免妨礙到前輪的自主動態。

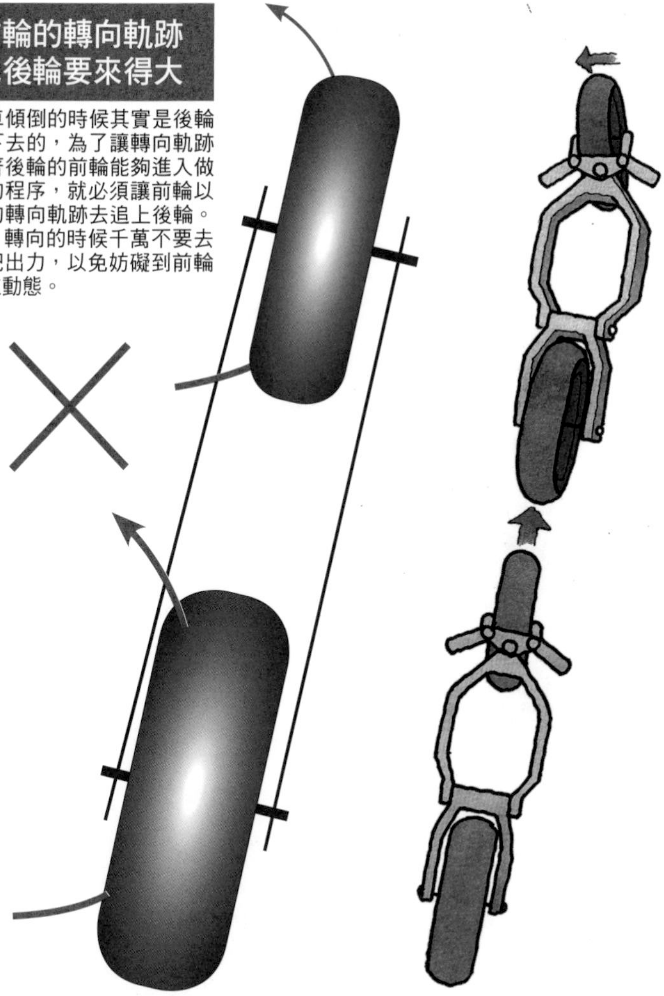

過彎的初期階段是整個過彎程序的關鍵，也就是說選了進彎點才能開始過彎。我們在方才就已經介紹過經驗老到的車手抓進彎取線的方式；進彎取線抓得準，車才彎得過去，這樣才算是一條正常的過彎取線。

想把過彎搞好，除了不能違反摩托車的過彎原理之外，還要記得讓車子進入到「可以過彎」的狀態。不夠確實的取線以及漸漸增加傾角的過彎方式，是沒辦法將摩托車的過彎性能給激發出來的。

所謂的「轉向」，指的就是在準備過彎的那一瞬間，在不會阻礙摩托車的動態以及儘快讓摩托車穩定的前提下，前輪開始進行做舵角的動作。轉向之所以這麼重要，是因為慢慢增加傾角跟一口氣整個傾倒下去所產生的迴旋力，有著很大的差異。

POINT 4

# 坐而言不如起而行！

## 轉向效率大評比

騎車的時候，舒不舒服、愉不愉快可是比秒速快不快重要多了。不過，加入「轉向」思維的騎乘方式真的比較快嗎？實在很難想像。

對於您的質疑，我們這就用科學數據來實地檢驗。

一起來看看結果吧！

Goal
3.43
sec.
Goal
3.74
sec.
到達最大傾角

本次實驗於賽車場進行。我們在一個彎道曲率 90 度的直角左彎進行實驗，另外進彎的速度設定在時速 70 公里。本次實驗主要將這個彎道預想為殺彎時所碰到的中速彎道，另外在進彎點跟出彎口處皆會設置警示筒以便時間的計測。

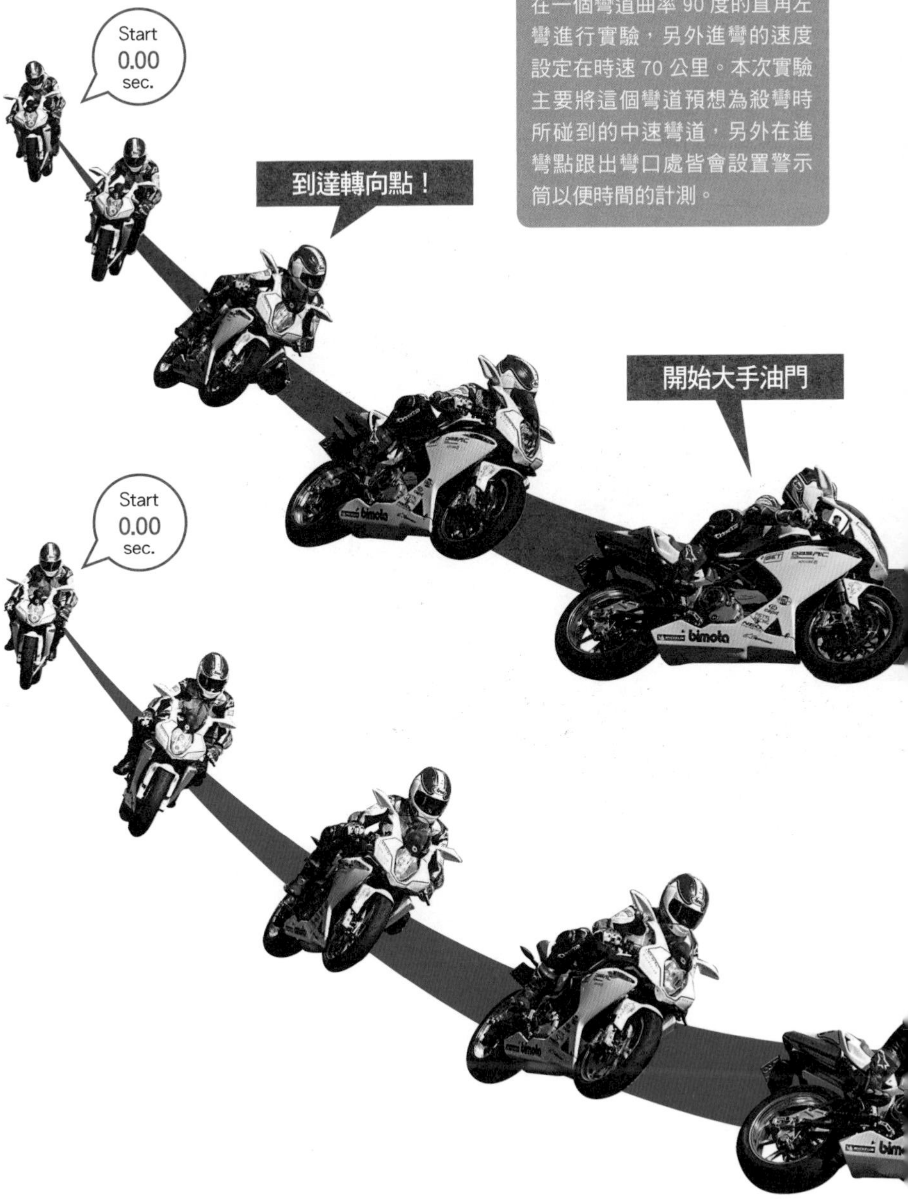
Start
0.00
sec.
到達轉向點！
開始大手油門
Start
0.00
sec.

POINT 5

# 迴旋半徑的迷思

## 傾角加深，為什麼迴旋半徑卻沒有產生變化

### 傾角和轉向力並非正比關係

摩托車是種要靠傾斜才能轉向的載具，車速越慢傾角越淺，車速越快傾角越深。那麼在速度不增加的情況下，只要能加深傾角，就能提升轉向力以及過彎的速度？關於這個答案，我們只能說「看情況」。

像 MotoGP 以及 SBK 的職業車手也許就能做得到，畢竟人家是職業選手，每天都在練習、了解愛車情況，所以多的是方式增加轉向力，不過我們這種凡夫俗子在殺彎或者是跑場地的時候，若是用同樣的車速處理同樣的彎道，那麼就算傾角再深，轉向力也不會有什麼太大的不同。

## 車速跟油門開度 由行車紀錄器進行計測

在這次的實驗當中，我們在通過彎道的區域中利用碼表進行計測，並且各進行 5 次有使用轉向技巧的實驗，以及不使用轉向技巧的實驗，最後再算出兩組的平均值。

不過，光從時間結果來判斷「過彎是否更有效率」是不夠周全的；我們也另外從第三者的角度，來觀察騎乘時是否有危險。此外，過彎時的速度變化以及油門開度等，都是相當重要的一環，不過要計測這兩個部分可一點也不簡單。在這方面的計測，我們便請出了「行車資料紀錄器」，來進行計測。

### 行車資訊紀錄器

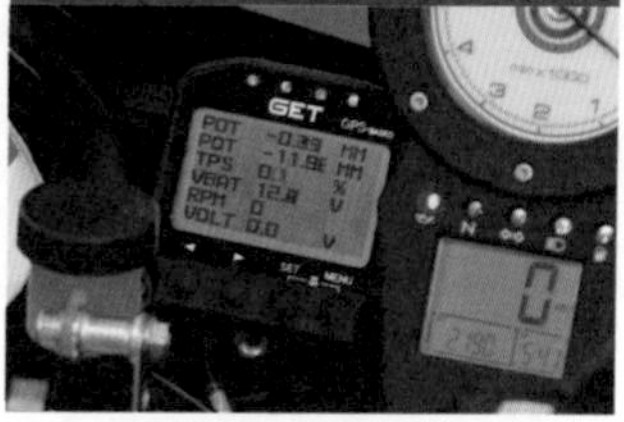


行車資訊紀錄器可取得車輛的車速，以及引擎轉速等資訊

畢竟，決定一切的還是「轉向」這個部分，跟傾角深不深幾乎是沒什麼關係；再怎麼說過彎快不快，取線正不正確才是一決勝負的關鍵。所以，傾角不過是跟轉向速度互相平衡後所產生的一個結果。在不增加轉向速度的情況下，就算可以增加摩托車的傾角，但對過彎效率來說是沒有實質幫助的。在實際的情況下，假設一位騎士發覺到自己的傾角做過頭了，通常都會以推車把或是用腳對腳踏出力的方式來取得身體的平衡，不過就利用轉向騎乘的方式來增加過彎性能的立場而言，這完完全全是開倒車的做法。

而且在過彎中途還要勉強自己加深傾角，很容易發生轉倒的危險，只要轉向動作做得好、做得確實，就能用淺淺的傾角，扎實地做出轉向的動作，自然而然可以順利過彎。

POINT 6

# 運用轉向技巧的過彎方式

## 行車紀錄器結果剖析

**時間並不代表一切，但是看了行車資訊紀錄器的數據後，竟然發現運用轉向技巧的過彎方式在速度及油門開度的表現上都更優！**

### 訣竅是關閉油門過彎

左圖為前頁所提到的彎中車速變化和油門開度的圖表，首先從車速開始看起，皆以時速70公里進彎的情況下，使用轉向技巧的一方由於正按壓著煞車（藍線），所以減速的速率較大（不過這個煞車並非用來減速，而是為了轉向所做的煞車技巧）。相較之下，沒有使用上轉向技巧的另一方，則顯現出平緩的減速曲線。

但是，使用上轉向技巧的這一方，車速很快就停止了下降，在釋放煞車轉向的瞬間，最低車速為時速51公里，接著便馬上進入加速的狀態，到出彎口時車速達到時速63公里。

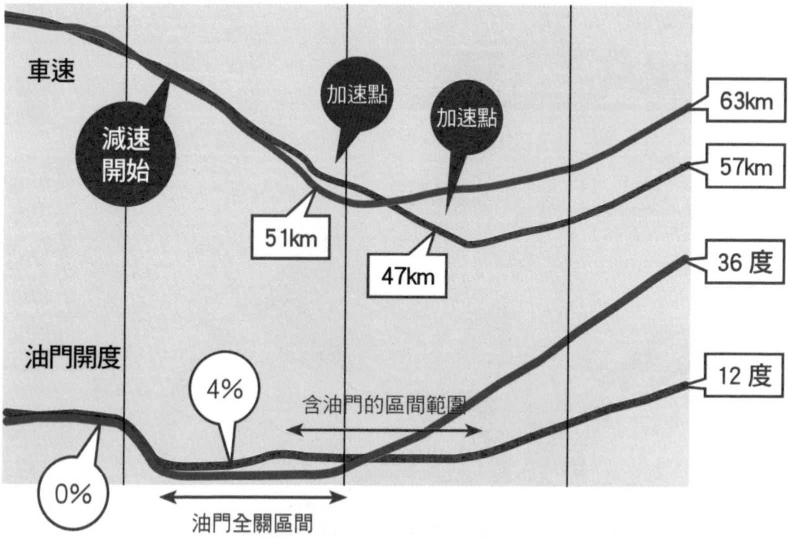
車速
減速開始
加速點
加速點
63km
57km
51km
47km
36度
12度
油門開度
4%
0%
含油門的區間範圍
油門全關區間

藍線是使用了轉向技巧的騎乘方式，紅線則是沒有用上轉向技巧的騎乘方式；上方的曲線為車速的變化，下方的曲線則是油門開度的比較。圖表左端為進彎時的狀態，右端則是出彎時的狀態。兩者比較後可發現到，使用了轉向技巧的騎乘方式在出彎時不僅能夠展現出較高的車速，油門的開度也相對較大。

那麼，沒有使用上轉向技巧的騎士又如何呢？雖然初期的車速下降速率較為平緩，不過車速停止下降的時間較長，最後在到達最大傾角的轉向後半段終於停止了車速的下降，最低車速為時速47公里，雖然之後也是馬上進入加速的狀態，不過距離彎道出口過短，所以僅提升到時速57公里。

這兩種不同過彎方式在通過彎道出口時，速度差達到了時速6公里，實際的差距比目測要來得大上許多。另外，沒用上轉向技巧的方式不僅最低速度較低，車子處於速度降低的時間也比較長。種種狀況都反映在時間差上。

接著是油門開度的比較，由於前述兩種不同技巧的騎乘方式皆以同樣車速、同樣檔位進彎，因此進彎初期的油門開度幾乎是一樣的。不過，時間再往後拉一點點的話，有使用轉向技巧的騎士（藍線），油門開始完全緊閉，在接下來的「轉向↓迴旋」的階段當中，油門皆保持完全緊閉，最後在迴旋後半段開始到出彎這段期間開始大手油門，油門開度最後在彎道出口處達到了36度（超過總油門開度1/3以上）。

相較之下，沒有用上轉向技巧的騎士（紅線），在轉向時油門保持在微微張開的狀態，直到迴旋程序的中期都持續保持著4%左右的油門開度。這個狀態正是我們常說的，既不能加速也不能減速的「含油門狀態」，「含油門」也正是造成轉向效率降低的兇手之一。雖然在迴旋的後半部開始進行油門開啟的動作，但由於過彎傾角過大所以不能進行大手油門的動作，當下只能溫柔地催油，油門開度最後在彎道出口處僅達到了12度。

POINT 7

# 操控車輛轉向的秘技

## 轉向的程度可藉由煞車來改變！

### 只要對煞車拉桿出力
### 就能自在操控摩托車

要想讓車輛轉彎，並不需要什麼太過高深的技巧以及複雜的操控方式。在此單元中，本刊將介紹釋放煞車拉桿就能輕鬆過彎的技巧。煞車拉桿釋放速度的快慢，將會大大影響摩托車的過彎方式。

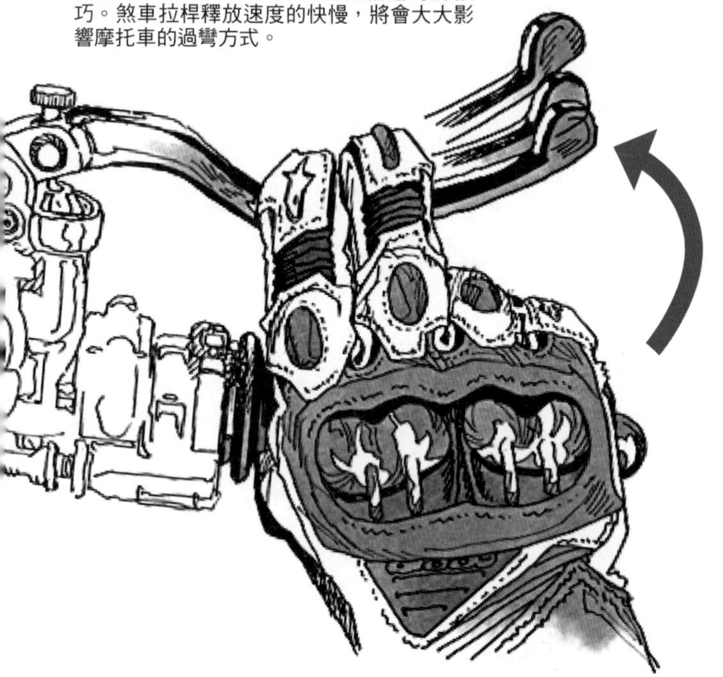

**高效率的轉向技巧跟處理高速彎道以及髮夾彎時大不相同。**
**在這裡請先將體重移動之類的技巧給忘記，**
**接著我們將介紹僅利用煞車來改變轉向的秘技！**

### 關鍵就在於煞車的釋放方式

停紅綠燈時，幾乎所有人在將車子停下前都會進行大幅度的減速動作，接著再慢慢對煞車拉桿施力、鬆力，直到車子停下為止。本篇中所介紹的技巧就跟紅綠燈停車的方式差不多。要讓車子順利進行轉向，其實並不需要用上太多力氣，只要做好手指對煞車拉桿的控制就夠了，只要稍微改變一下煞車的釋放技巧，就能安心地處理高速彎以及髮夾彎。

在處理彎道曲率極大的髮夾彎時，只要進彎時帶煞就能夠安心過彎了。另外，一口氣整個傾倒下去的騎乘方式也能讓過彎相當穩定，因此也推薦使用。

# COLUMN

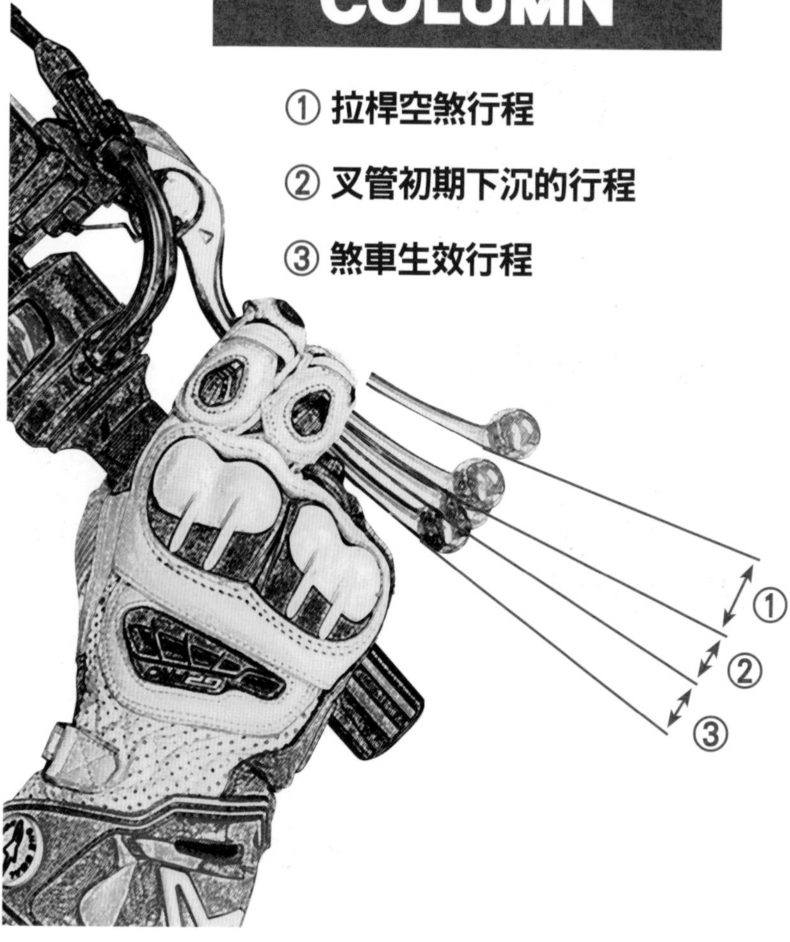
① 拉桿空煞行程
② 叉管初期下沉的行程
③ 煞車生效行程
①
②
③

## 預防機車點頭要分成三階段操作拉桿

會讓機車點頭的原因是因為前叉產生多餘（急劇地）下沉所造成的。要預防點頭的話，首先①的空煞階段穩穩的控制，而②行程要快速的將拉桿往後拉，直到③階段緩慢的拉緊拉桿。能確實的掌控這3階段很重要。尤其注意在②行程時緩慢操作，或是後面施力太大，亦或是跳過①~③階段一口氣迅速用力地拉動拉桿的話，都會造成叉管過度的下沉造成點頭。要謹記在②行程的操控要迅速。

## 過彎時
# 將煞車視為觸發扳機

首先進彎時要讓騎乘姿勢轉換到能讓前煞車發揮功用。另外，由於煞車能夠讓車身保持穩定，所以在第一階段時車子先別進行轉向的動作，此時應先保持直行的狀態。到了轉向點時便可將煞車拉桿整個釋放開來，這麼一來車輛就能明確地往內側轉進了。

在技巧尚未熟悉的階段，建議就先進行減速煞車以及進彎前煞車這兩個部分，這兩個階段是務必要先掌握的（減速煞車的階段也可以用放開煞車的方式代替）。當這兩個部份的技巧都熟稔了，那麼就可以進行連貫這兩個動作的練習。

含著油門過彎是會讓自己陷入危險的，進彎後保持油門關閉才是正確的做法。出彎時大手油門，就可以重新獲得大量的循跡力了。

## 油門保持完全關閉

在面對彎道曲率極深的髮夾彎時，要是採用一次性傾倒的過彎方式，騎士很容易會因為不穩而陷入含油門的陷阱中，這個含油門的動作正是阻礙順利過彎的元兇。正確的做法為，當進入彎道時，一直到迴旋後半部為止，油門都要保持「完全關閉」的狀態。「這麼一來車速就會大幅降低不是嗎？」有這樣疑惑的人，多半有進彎時轉速過高的毛病。引擎轉速過高會增加引擎煞車的效應，不過低轉速加上高檔位就不會產生減速幅度過大的問題，而且還能讓收油過彎的動作更為容易，也比較不會發生頓挫感。另外，出彎時大手油門可以賺得更多的循跡力。

# POINT 8

# 處理高、低速彎的煞車轉向技巧

雖然煞車對轉向入彎有著莫大的幫助，但運用於高速彎的煞車手法，是無法同樣施展在低速彎中的。以下，就讓我們仔細分析面對兩者時，煞車的過程有何細微差異

高速彎道的迴旋過程極短，釋放煞車的時機只有一瞬間，只要用一點力氣後馬上釋放煞車

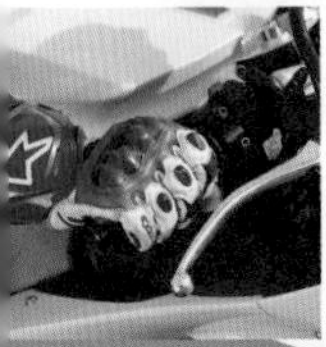

釋放煞車的瞬間改變摩托車的行進路線，並且讓摩托車從轉向進入到迴旋的階段

將最後一點煞車通通放掉，當前輪開始產生舵角後，車子就會開始進入迴旋狀態

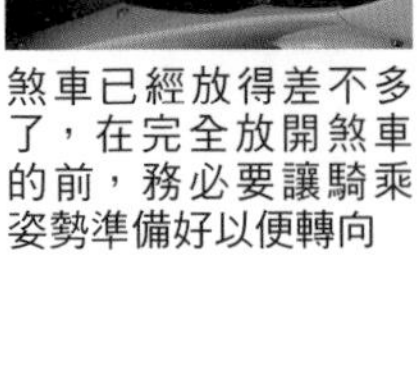

煞車已經放得差不多了，在完全放開煞車的前，務必要讓騎乘姿勢準備好以便轉向

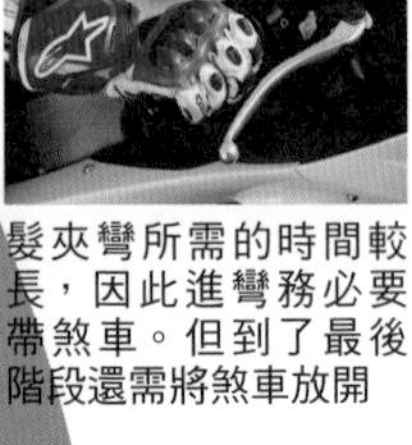

髮夾彎所需的時間較長，因此進彎務必要帶煞車。但到了最後階段還需將煞車放開

慢慢地對煞車加壓，保持短時間的穩定。處理高速彎時，煞車就要稍微強一點

在轉向點時，務必將煞車釋放得乾淨俐落，這樣子制動能量才能完全釋放

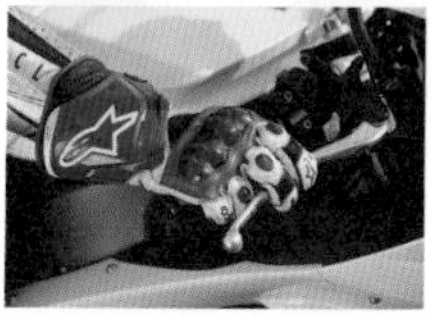

為了減速進行煞車，雖然車身已經傾斜，但由於煞車緣故，車輛的行進顯得相當穩定

漸漸釋放煞車，雖然摩托車的傾角隨著煞車的釋放而增加，但還是要留一點煞車

更進一步放開煞車，此刻類似停紅綠燈前車身即將完全靜止的狀態，視線要朝向前方，車子則是往轉向點前進

## 處理中高速彎的情況

在面對中、高速彎時，初期的煞車動作務必要強，並且在含煞車的狀態下快速地將煞車完全釋放開來。在煞車釋放的瞬間，車輛的行進路線如能瞬間改變，那就表示成功了

## 處理低速彎（髮夾彎）的情況

髮夾彎這種低速彎的處理方式，跟高速彎有很大的不同。主要的差異就在於長時間的迴旋過程。因此在處理髮夾彎時，要是瞬間釋放煞車的話，會造成車輛不穩，建議在處理髮夾彎時，一定要配合彎道的曲率，慢慢地調整煞車

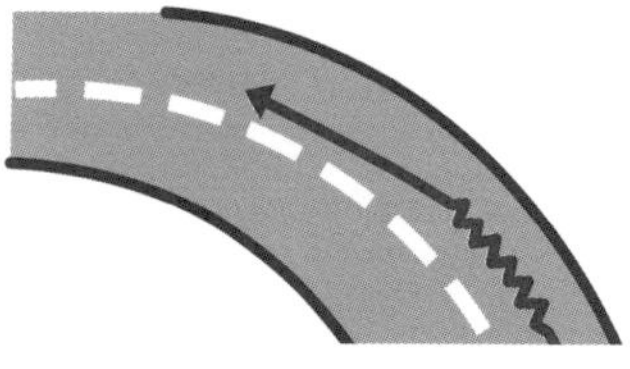

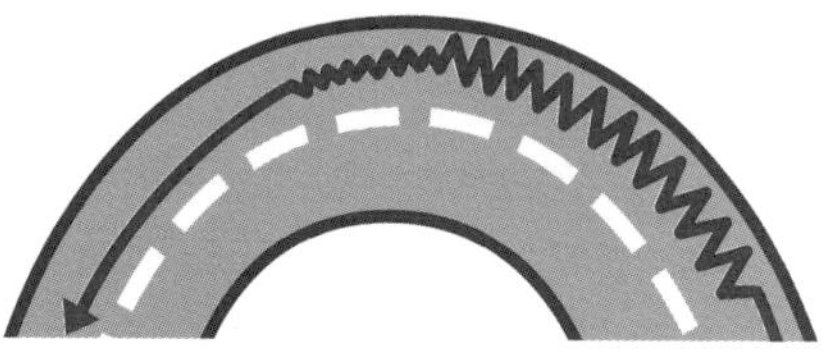

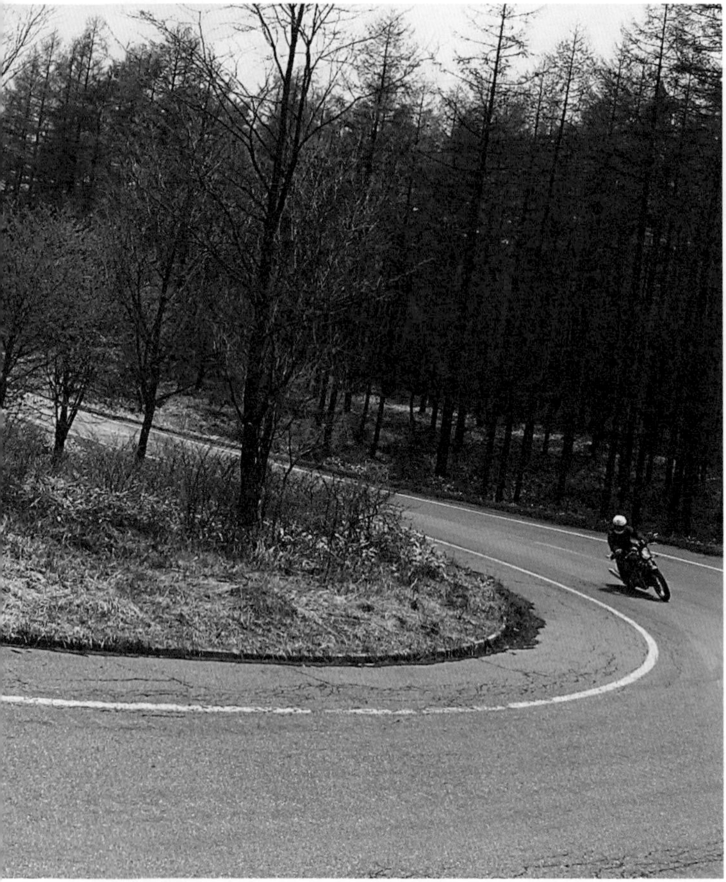

POINT 9

# 轉向技巧的練習秘技

## 清楚感受微妙的變化

**轉向對過彎來說的確是非常重要的技巧，但實際的感覺卻很難去想像。在這個部份中，我們來實際體驗一下轉向的感覺。現在學都還來得及喔！**

### 熟悉轉向技巧就能快速過彎

首先要找個曲率平緩、長度又長的彎道，假如車子流量少那是再好不過了，稍微有點下坡也是可以接受的。高速彎較多的情況下，建議將車速壓低一點，然後用高一點的檔位以及不太容易產生檔煞的低轉速去處理彎道為佳（總之先別管轉向的事情）。接著，在過彎傾角尚淺且車子還在迴旋的狀態下，試試看左頁說的技巧。另外，彎道長度要是太長，過彎步調太慢的話可是會過得搖搖晃晃的，所以建議在實際試驗時，先在靜止的車上反覆進行模擬練習會比較好。

## 1 先按下煞車將車身立起

在平緩且長度頗長的彎道中，首先讓車子進入穩定的迴旋狀態，車速要保持緩慢且穩定，傾角淺並無大礙。接著在這樣的狀態下，開始輕輕按壓煞車拉桿，不過按太輕可是會沒有效果的，建議可以在安全範圍內稍稍增加按壓的力道。

## 2 配合車身的立起 增加煞車的力道

在煞車力道增強的情況下，車身便會跟著抬升，這時身體保持放鬆，隨著車身上抬，可再次增加煞車的力道以利穩定車身，並達到車身直立的目的（不過別按得像減速時那般用力）。在這段過程中，切勿破壞過彎的騎乘姿勢，另外也務必做到身體的放鬆。

## 3 車身完全直立後 放開煞車

當車身完全直立的時，前輪一定會產生強大的抓地感及穩定性。在這樣的狀態下，就要進行「轉向煞車」的動作了（在實際操作時千萬不要保持這個動作太久，以免車子一直保持直行而變得不會轉彎了）。在這個階段中釋放煞車吧。

## 4 放開煞車的同時 車輛就會開始轉向了

放開煞車的瞬間，前輪會開始做舵角，同時應該能夠感覺得到銳利的傾倒感，這就是所謂的「轉向感」。在熟悉這項技巧後也許會發現到，這個技巧能夠讓車輛的轉向更為明確、清晰，不過也請小心別轉向轉過頭了。在能夠抓到轉向感前，請務必多加練習！

POINT 10

# 盡可能別對把手出力

## 放鬆上半身

### 手腕

一旦用上半身去支撐身體的話，就會妨礙到車輛的自主轉向，這麼一來過彎就不會順利了。練習時務必確認一下手腕是否有施力的狀況！

### 手肘

騎乘時手肘抬得太高的話，也是會妨礙到車輛的自主轉向性能的，但是刻意收束手肘也會對車把出力。其實，手肘保持自然垂下就 ok 了。

### 腳踏

支撐上半身的關鍵就在於「腰部」，對腳踏出力過重是不行的，另外也請注意別夾得太緊。

**要想感受到轉向的感覺，首先要做到的就是放鬆身體和別去對摩托車施加多餘的力量。尤其手去推車把或對腳踏用力時，車子會突然無法轉向，先在靜止的車上練習，務必做到身體在手放掉的情況下，也能支撐得住上半身。將注意力放在腰部上，是整個動作的重點。**

### 用同傾過彎的方式較易感受車輛轉向

過彎時，最好別勉強自己硬將腰部掛出去或是刻意打開膝蓋會比較好。假如刻意用力的話，反而會妨礙到車輛的動態，這麼一來就本末倒置了。建議先從動作比較自然的同傾開始練習會比較好（超跑是可以容許將腰部稍微掛出來一點），不管是在實際轉向的時候，還是依照下方圖說進行練習時，千萬不要在操控車輛時隨意擺動身體。

# 03

# 成為磨膝過彎達人

## 就是要華麗的過彎風格

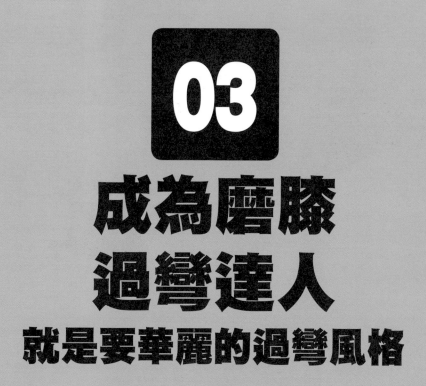

CHAPTER 3

# 成為磨膝過彎達人！

## 就是要華麗的過彎風格

要不是因為在連身皮衣上頭本來就有滑塊
或許這輩子都不會有「想成為磨膝過彎達人」的念頭
不過每次騎完後看到滑塊還呈現新品狀態
心中不免油然而生出一股想挑戰自我的衝動。
姑且不論「磨膝過彎」這個動作本身對其他人有什麼意義
但對騎士而言它就是一個重要的里程碑
是在心中的一個必要達成目標
因此本章就來傳授如何成為「磨膝過彎達人」！

POINT 1

# 讓人大感意外的騎乘姿勢

「咦？腰部的位移動作需要這麼大？」

就在期待又有點不安的心情下，
開始邁向「磨膝過彎」的挑戰之路，不過焦急是沒有必要的，
首先要搞定的就是磨膝時的騎乘姿勢。
當腰部的位移動作大到超乎想像的程度後，
膝部會自然收合，
這就是可令騎士安心又確實的磨膝過彎心法。

## 磨膝過彎挑戰者

疋田憲一

曾經在非預期的狀態下體驗過磨膝過彎的經驗，但這次希望可以在自己的掌控中完成磨膝過彎動作。

豐田浩伸

只有用輕檔車玩過磨膝過彎，在重車上還沒有試過，這次也是抱著使命必達的決心來參加本單元

## 腰部的位移量必須到達「相當誇張」的程度

　　屁股坐在正中央的同傾動作，要在車體傾斜時取得重心平衡並提升過彎速度，是一件極為困難的事情，因此不適合用來磨膝過彎。這也意味著這種姿勢不適合騎乘現今所流行的極粗胎摩托車。

## 腰部的位移量必須到達「相當誇張」的程度

對於平日都用同傾方式騎乘的騎士來說，就算自以為已經大幅移出腰部位置了，但實際上大概都只有圖中所顯示的程度。一定要讓自己在移動腰部時，養成彎道內側膝部能做到完全收合的程度。

移動這麼多
應該夠了吧？
HONDA
NANKAI
HONDA
品川C か
29-14
屁股稍
微位移

## 腰部的位移量必須到達「相當誇張」的程度

　　屁股坐在正中央的同傾動作，要在車體傾斜時取得重心平衡並提升過彎速度，是一件極為困難的事情，因此不適合用來磨膝過彎。這也意味著這種姿勢不適合現在流行使用寬胎的摩托車。

不會吧！
需要到這麼誇張的地步嗎？
HONDA
NANKAI
HONDA
HONDA
品川C か
29-14
這樣才是正確的

## 騎乘姿勢自我檢測

為要讓膝部確實磨地，車身的傾角必定得達到一定的程度。為了達成此一目標，過彎時穩定且確實的騎乘姿勢就成了不可或缺的條件。一開始時，不需急著馬上路測，可以先用停駐車來進行模擬訓練。請車友互相幫忙扶車，並用客觀的角度來彼此確認，會更容易理解。

### 整個頭朝過彎方向轉動<br>視線朝遠方眺望

一旦進入彎道後，騎士就應把頭轉望向彎道內側，同時眼睛望向彎道的出口處，保持這樣的姿勢才有足夠的轉向力。如果只移動視線的話是不會有什麼效果的，所以記得一定要把整個頭都擺過去，不要只盯著前輪前面的路面看。

### 事先把肩膀往上抬<br>在過彎瞬間才放下

為了讓自己明確掌握彎道方向，在進入彎道前可預先把彎道內側的肩膀稍稍上抬，然後到了「在此開始過彎」的那一瞬間，把抬高的肩膀放下即可。請務必試試看。

### 將腰部朝向彎道的方向<br>以近似誇張的方式移出

感覺上就好像是用大腿跨坐在坐墊上一樣，讓屁股完全離開坐墊，朝彎道內側位移。一定要有像把全身的重量都用大腿掛在坐墊上的那種感覺。

### 直到完全適應這種姿勢為止<br>維持膝部完全收合的狀態行駛！

在身體完全記憶腰部位移的騎乘姿勢前，膝部要維持收合的狀態。要感覺到膝部內側輕微接觸車側整流罩或車架（不可過度施力）。如果一開始時膝部就打開，身體姿勢便會因此而導致重心分散，如此就不可能維持穩定的傾斜過彎水準。因此，在熟悉過彎正確姿勢之前，記得一定要保持膝部的收合動作。

## 用外側的膝蓋與大腿牢牢掛住油箱作支撐

位於彎道外側的大腿必須與油箱上端邊緣處緊密貼著，如同掛在油箱上一樣。在下意識中必須要有跑完整場後大腿會發痛的預想，把上半身所有的重量都施加給大腿掛載。

## 若想用下半身來維持姿勢很快會發現手部力量不足

一般人在開始做出過彎傾角後，會很自然地用彎道內側的手去推把手，以支撐上半身的重量，這是錯誤的示範。正確的姿態應該是在壓彎過程中，即便雙手都放掉，身體都應該在下半身的支撐下保持原有姿勢。

## 牢牢踩住彎道內側的腳踏車身就不容易失去平衡感

只要過彎時，位於彎道內側的腳能夠牢牢踏住腳踏的話，車身就會因反作用力而產生平衡，不致造成過大的傾角。請隨時保持能把彎道內側的腳抬起的程度，維持放鬆的狀態。

## 沒有移動重心的場合

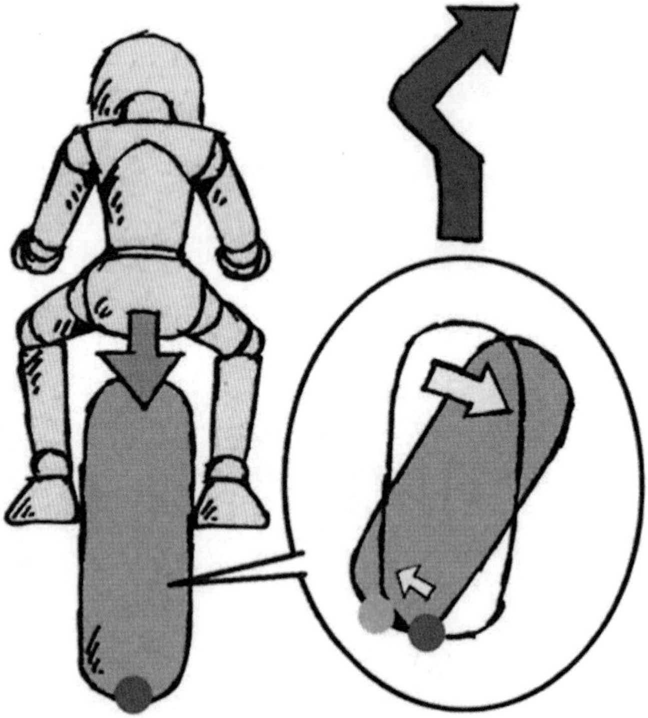

如果腰部位在正中央的話，車胎接地點的移動與重心移動之間會產生時差，讓方向變換不夠明確。

### 為什麼腰部移出能夠幫助過彎呢

重車的後輪通常都有180～190mm左右的寬幅，在同傾時如果腰部還維持在坐墊正中央，則壓車的過程中輪胎的接地點移到外側時會產生時差。如果騎士能夠事先把腰部朝過彎方向移出，重心就能順利施加在胎緣外側。如此一來，從過彎的瞬間開始，重心就已經在車胎胎緣上，車體也可順利達到傾斜。雖然只是非常微小的差異，但在整個變化過程中，車體還是持續往前進的；如果時差存在的話，過彎的起始點就不夠明確。因此，如果想要做到磨膝過彎，在開始時就應明確掌握變換方向，同時腰部的位移動作更是不可或缺。就算讀者沒打算磨膝過彎，腰部的適度位移仍有助於你的過彎動作。

## 移動重心的場合

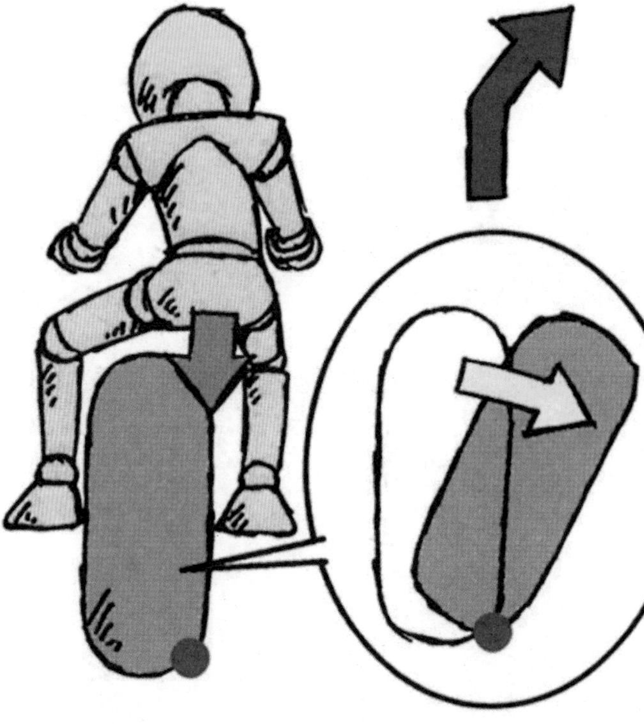

如果事先移動腰部位置，把重心放在胎緣上的話，在開始過彎時可同時解決車體的傾角與時差問題。

### 令人安心的側掛姿勢

練習側掛的過程中，最重要的莫過於要注意保持膝部收合的狀態，如果屁股位移後膝部沒有收合的話，過彎時的穩定度就不足。維持膝部收合的姿勢，可以提供身體極為穩定的平衡感，讓騎士從容面對後續的姿勢調整與過彎動作。

實際在彎道上進行測試時，先要求自己在預定的彎道上達成磨膝過彎目標就好。在彎道前先把姿勢矯好後再進彎，在同一彎道上反覆進行練習，注意腰部的位移量以及身體各處的施力狀況，並用身體去記憶「可以壓到什麼程度」。熟練以後，再慢慢嘗試深入彎道後再壓車，或漸漸提高過彎車速等不同方法。經過不斷嘗試而且獲得成功後，磨膝過彎的學分也就取得一半了。

# COLUMN 磨膝 初級篇

原本應是早知道的事，現在全部砍掉重練——疋田

姿勢就像基本功，練好了無彎不克！——豊田

## 大腿會痛就錯不了了

在看完STEP 1的課程內容後，疋田先生實際下場騎乘小試了一下身手……。

「過去以為已經會了的事情，現在看來都必須重新來過（苦笑）。不過跑了一陣子後，會發現彎道外側的大腿開始隱隱作痛，起碼『基本動作』是錯不了了。」

連本人都這麼說了，腰部位移的基本動作自然沒多久就練得很像樣了。不過或許是因為一切都太順利了，後來反而不時出現腰部扭過頭或頻頻出現不該有的小動作。

豊田先生的做法則較為樸實。由於平日都是採同傾的方式過彎，剛開始時對於大幅移動腰部的騎乘法顯得有些不適

應，不過隨著練習次數增加，姿勢也就越修越好了。「剛開始時，只是感覺到『跟平常不太一樣』，不過練到後來就會覺得過彎效果真的有差了。」

我們從旁觀察時，也發現兩人在攻入彎道的態度上更積極、過彎時也更穩定了。雖然過彎傾角還很淺，不過只要把速度提高，應該就可以達到目標。

## 檢查滑塊是否在正確的位置？

雖說是「磨膝」過彎，但事實上在過彎時，與路面摩擦的位置是在膝蓋的下方，接近小腿的側面。如果把滑塊貼在膝蓋的正上方，原本可以順利磨到滑塊的也變成磨不到了。況且，如果磨到的是滑塊以外的地方，要修補連身皮衣可是一筆不小的開銷，所以一定要注意把滑塊貼在正確的位置。

用單膝跪地的方式，檢查滑塊與路面的接觸狀況應該是「面」而不是「點」。如果自己不容易檢查的話，可以請其他車友代勞。

滑塊位置不在膝蓋上方，而是比較靠近小腿肚的位置（側面與正面之間），不在連身皮衣的護膝位置，反而比較接近靴子的上端。

# 體型嬌小的騎士比較磨不到膝？

雖然磨膝過彎動作好像對人高馬大、手長腳長的人比較有利，但事實上是沒有什麼關係的。看看GP選手就知道，那些人多半體型嬌小，還不是磨膝磨得嚇嚇叫。其實，人高馬大的騎士反而要注意過彎動作過大的問題，萬一動作過大的話，可能導致車體失去平衡（體型嬌小的騎士較不易引發車體失控）。所以，不需在乎體型問題，重要的還是姿勢的正確性。

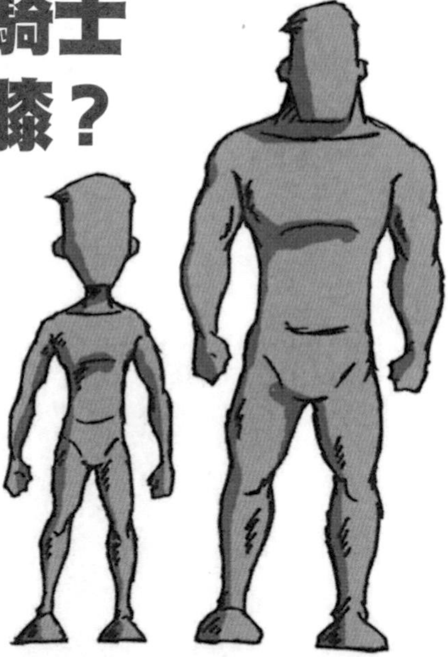

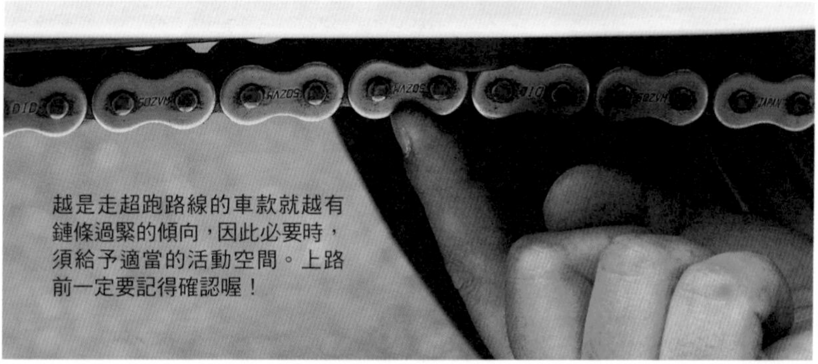

越是走超跑路線的車款就越有鏈條過緊的傾向，因此必要時，須給予適當的活動空間。上路前一定要記得確認喔！

## 鏈條太緊時懸吊僵硬 想磨膝也困難

每個人都知道磨膝過彎時，車體傾角扮演很吃重的角色，但其實懸吊的收縮也是重點之一。如果懸吊沒有及時壓縮的話，車高就會維持在較高位置，如此一來若沒有極深的傾角，根本不可能讓滑塊有機會碰到地。而且，在車高無壓縮的狀態下，做出過深的傾角本身就是一件危險的事。因此在挑戰磨膝過彎前，一定要記得先確認一下鏈條的鬆緊度。如果鏈條太緊的話，會讓懸吊在收縮沒多少後便產生反彈，而收縮也會因而停止。

如果照著車廠的規定調整鬆緊度後卻感覺好像太鬆時請放心，這是因為採用新設計的關係，鍊條感覺比以前的車款還鬆是很正常的。

# 你可能忽略的各項事前準備

準備挑戰磨膝過彎前，一定要觸摸車胎確認暖胎效果，必須持續暖胎直到感覺溫度在手心中擴散為止。尤其在休息過後，更應先確認溫度。

## 練習開始前 一定確實暖胎

既然要磨膝過彎，那過彎傾角想必不可太小。既然過彎傾角不能太小，車胎的抓地力不足時，就潛藏了高度的危險。這點對於不玩磨膝過彎的騎士也很重要喔！因此，在開始攻彎前，一定要先確實把車胎預熱過。就算是風和日麗的天氣，但在標高不低的山路或背光面的彎道上，路面溫度仍很低，這一點尤其要注意。在車胎的預熱過程中，並不需要冒險用左搖右擺的方式，只要找一條直線路段反覆用大油門加速、再煞車即可。感覺就像是對車胎進行「揉搓」的方式加熱，在預熱時一定要注意周圍路況喔！

## 請車友來幫忙確認　可以提升練習效果

除非已經實際磨到滑塊，否則當事人真的很難掌握究竟距離磨膝還有多少努力空間。畢竟在過彎的過程中，沒有騎士可以看到自己的膝蓋，如果真的看到了，危險也跟著來了。因此，究竟還有 10 cm 的距離，還是只剩下 1 cm 的努力空間，其實真的感覺不出來。這時候，就必須請車友來幫忙確認，看看到底距離目標還有多遠。當然，還可以請他們一塊幫忙確認姿勢。在幫忙別人確認姿勢的過程中，自己也可從中分辨出騎姿的好壞，因此相互幫忙確認，確實是加速進步的有效方法。

只要能確切知道滑塊跟地面間的距離，就能掌握自己的練習進度，對於姿勢與騎乘技巧的改善幫助也很大。

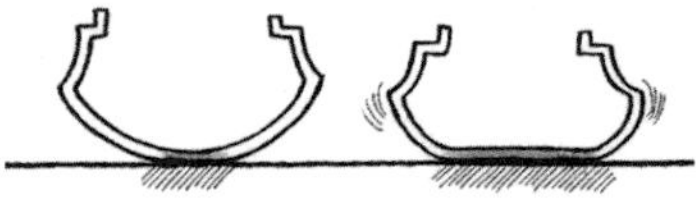

大型車的胎壓大約是在 2.2kg・cm2 (220kpa) 左右為最適值。如果是夏天的賽道騎乘的話，還可以再低一點。

## 事先降低胎壓 提高輪胎抓地力

如果你的胎壓值是依照原廠的建議胎壓時，建議你可以稍微把胎壓調低一點。這是因為想挑戰磨膝過彎的話，較低的胎壓較能擠出輪胎的抓地力，這樣也可降低殺彎時的心理不安。在原廠胎壓建議值的設定原則中，是以200km/h的高速騎乘在高速公路上，當遭遇路面坑洞時也可安全通過為標準。這種標準本身就是以極為嚴苛的條件為基礎，對於單人進行運動騎乘時，算是有點過高的設定。不過，胎壓過低也有危險，因此騎乘前務必記得進行胎壓測試。

## 連身皮衣太緊
## 會讓身體動作困難

要練習磨膝過彎，一套標準的連身皮衣是不可或缺的工具，萬一轉倒時也能提供人身保護，一套合身的連身皮衣是很重要的，如果皮衣太緊的話，身體不僅難以自由活動，也會增加身體不必要的施力，同時更讓膝蓋難以自然張開，相反地，如果皮衣太鬆的話，由於皮衣跟身體的緊密度不夠，騎乘起來的穩定度就很差，要挑戰磨膝過彎前先準備一套合身的連身皮衣吧！

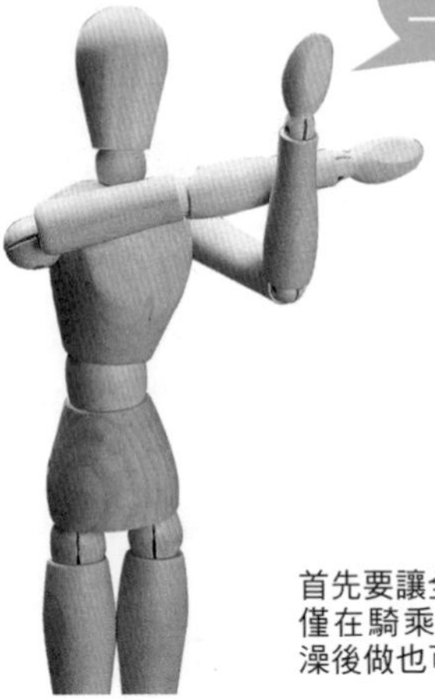
磨膝過彎就是
一種運動！

## 挑戰磨膝過彎前
## 先做個暖身運動

暖身運動對於平日就運動不足的老爺騎士們，更是不可或缺。如果身體過度僵硬或筋腱伸展不開，當需要調整騎乘姿勢或伸出膝部時，身體就必須施加多餘力氣而不可能做得好，其實在平日有時間的話就可以多多練習，讓身體保持在柔軟的狀態。

首先要讓全身筋肉獲得舒展，不僅在騎乘前必須做，平時洗完澡後做也可增加身體健康喔！

增加股關節
的可動領域

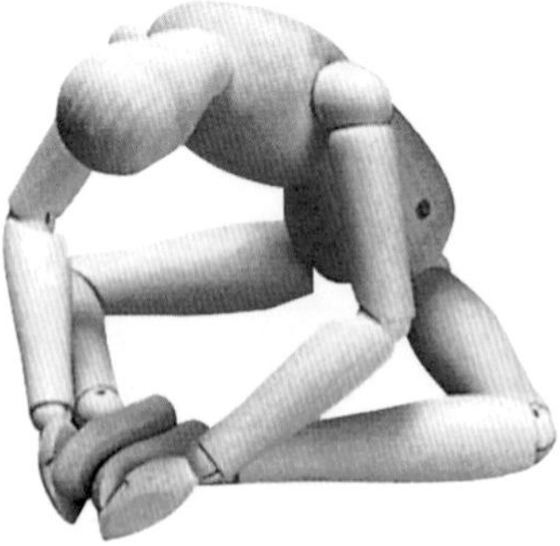
舒展全身
筋肉

如果股關節的可動範圍過於狹隘的話，會影響到騎乘時的平衡控制。因此，騎乘前務必確實舒緩股關節。

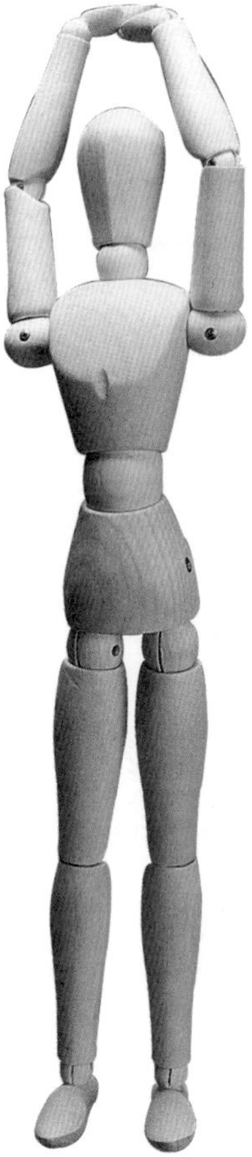

## 上半身也要放鬆

上半身一定要常時保持在舒緩的狀態。彎曲上半身是一種方法，伸展上半身也是另一種有效的方法

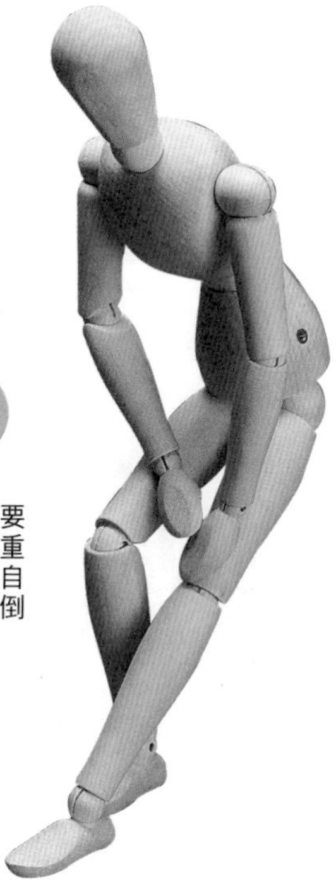

## 提高膝部的靈活度

在伸展膝蓋關節時，要注意不可過於用力，重點要放在能夠讓膝蓋自由伸屈，萬一不幸摔倒時也比較不易受傷。

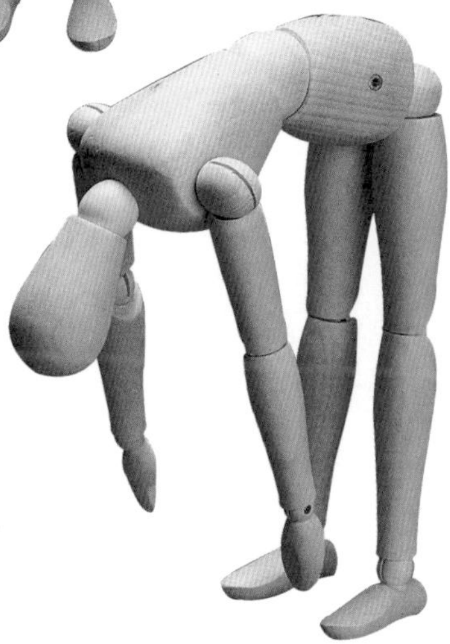

## 腰部與下半身

透過伸屈動作，活動從腰部到膝蓋後部的肌腱，讓動作更加靈活。騎乘前務必記得，要把腰部與下半身的肌肉舒展開。

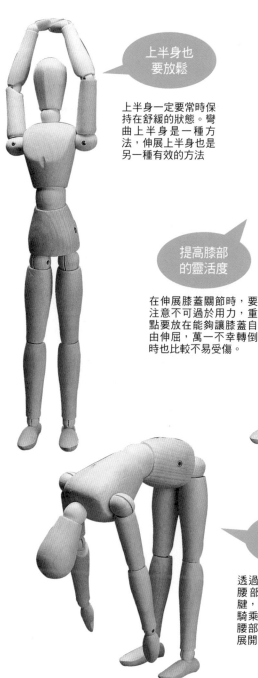

POINT 2

# 磨膝過彎的鐵則

## 避免讓體重離開車身

**在大幅移動腰部位置後，下一步便是把體重牢牢掛住，
並非身體往橫向傾斜，
而是像潛入摩托車中一樣。
這個掛住體重的動作是決定磨膝過彎成功與否的最重要關鍵，
雖然動作有一定的困難度，
但只要多經練習就可以抓到訣竅！**

### 正確的體重移動方式

大家是否都依照POINT1的指示，用大幅位移自己腰部的騎乘姿勢，來提升過彎的效率了呢？雖然可以順利移動腰部了，但還是有些讀者會發生「轉向疲弱以及不穩定」的感覺，並且認為「路面位置還在遙不可及的遠方，膝部根本就kiss不到」。如果真有這種狀況發生時，原因很可能是出在騎乘者把體重移出車體了。

在POINT1中曾經向大家提過：進彎道的瞬間要降低彎道內側的肩膀，請大家再度回憶一下。這一招的目的，就是希望把身體重心朝彎道內側降低，並把體重留在車體上。能否順利使出這一招，大大關係

## 整個身體維持原狀往橫向打斜過去

由於整個身體往橫向位移，因為身體本身的作用力，反而讓摩托車產生了擺正的力道。再加上荷重力不足而讓懸吊收縮有限，即便入彎了也很難縮短膝部與地面之間的距離。更糟糕的是，摩托車根本無法照自己的意思傾倒。

### 心理上的障礙比較大……

雖說磨膝過彎的理論已經了然於胸了，但疋田先生在過彎初期時，會有荷重力突然提高的問題。雖然接下來的過彎角度很銳利，但隨後車體便開始逐漸打直，膝部離路面越來越遠。距離成功就差這一步……。

到過彎方式、彎道傾角、過彎時的穩定度以及心理上的安定感等等。

留住體重的訣竅在於，在不使用蠻力操駕的前提下，把身體一點一點朝彎道內側方向潛入。如果心中不斷想著「再側傾一點」的話，不僅不能消除不必要的施力，還會因施力不當而產生橫向移動，這是一定要注意的。

如果一口氣把身體下潛然後將體重掛住的話，騎乘者一定會發現過彎的力道比以前強勁許多。但如果進彎時的速度跟平常相同的話，車體很可能會朝彎道內側的路肩或分隔線挺進，因而超出原本的路線。所以在騎士還沒習慣以前，往往會不自覺地把車體抬起，而這些都是正常的反應。

承受荷重力的車體可以很迅速地做出過彎傾角，轉向反

## 一面橫向位移身體
## 一面沉腰做好準備

腰部位移的重點不是在於移動整個身體，而是在不施力的狀態下，把腰部往彎道內側下沉。如此一來，不僅重心降低了，過彎傾角也馬上提升。荷重力增加，也加速了懸吊系統的收縮，這樣便大幅縮短了膝部與地面間的距離。

**不能只有橫向位移**
**要整個沉下去……**

雖然豐田把全身都橫移過去了，但只是往橫向移動，想要下潛卻發現容易造成上半身打直。在胡亂調整姿勢的過程中，才發現已經進入彎道內而來不及了。對於接下來該怎麼做，感到有些無助。

應（車體因過彎傾角而在前輪產生舵角）也因而提高，過彎的力道才會如此強勁。另外，施加在摩托車上的荷重力也因此增加了，車體的迴旋力與方向穩定性都因此提高，這都對於強勁過彎力的產生有正面的影響。由於車胎的抓地力也變強了，轉倒的可能性也會跟著大幅降低。

如果你能感受到這種穩定的狀態，就要先恭喜你了。過彎力道只要夠強，不僅可以提高進入彎道的深度，也可自然增加進入彎道的速度。

雖然聽起來像是老生常談，但過彎傾角的深度來自於與速度之間的平衡。不是因為有很深的過彎傾角才能順利過彎，而是有夠快的速度才能產生夠深的傾角來與之平衡。將體重準確施加於摩托車彎道內側的一邊，過彎的力道自然

## 如果只把身體往橫向位移 無法有效增加車輛荷重力

就像圖中一樣，如果拳頭是往橫向施力的話，皮球根本毫無擠壓跡象，而且還會往施力的反方向（如圖的左側）移動。也就是說，當騎士往橫向倒的動作不夠確實時，體重便無法有效作用於摩托車上，動作自然也就不夠穩定。同時，懸吊系統也因為收縮不足而難以縮短身體與地面間的距離，車胎更是無法有效抓牢地面。如果在這種狀態下，騎士還硬要加深傾角來磨膝的話，最糟的狀況不排除發生轉倒意外。這是非常危險的。

## 感覺整個身體都往下沉 將體重施加在摩托車上

試試看在皮球中心稍微橫偏的位置（照片的右側），施力往下壓，皮球一定應聲壓縮，球底則牢牢黏在地面上。這種現象如果應用在摩托車上，壓縮的皮球就像是收縮的懸吊，牢牢黏在地面上的球底則像是車胎的抓地力。車體穩定、強勁的過彎力以及能夠讓人安心的過彎狀態，大致上就像是這個樣子。只要摩托車能夠保持在這種穩定狀態，就算提高過彎速度也能夠輕易攻克彎道。

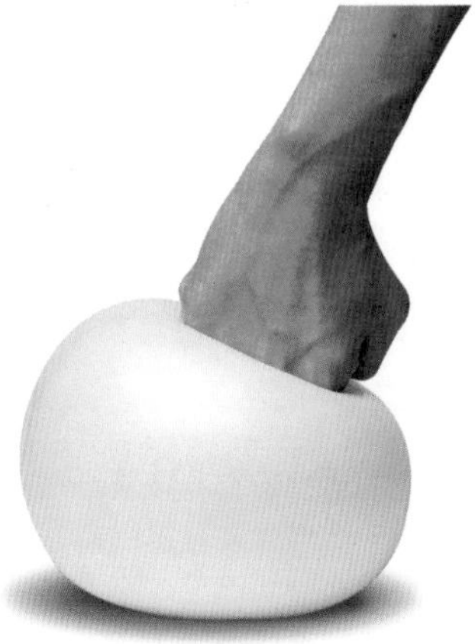

強勁，進入彎道的速度也自然提高，如此一來也就更深化了彎道傾角。如果速度不夠快卻想壓低傾角，車體穩定度會不足；只要能夠跟車速取得平衡的話，車體穩定度自然提升。

雖說要盡力把體重朝下施於車體上，但在過彎時還是得注意不可用力過當，如果一下子用力過猛的話，懸吊系統會急劇收縮，期間所產生的反作用力會讓懸吊又再度伸展。這樣會造成摩托車劇失荷重力而搖晃，也可能讓車體因而擺正。因此身體位移的過程中，一定要謹記不可用力過當、要用下沉的方式移動身體。

說了這麼多，您已經知道該如何正確位移身體了嗎？到此為止您已經學會八成磨膝過彎的心法囉！

POINT 3

# 抓到感覺後就要正式上路

## 把收合的膝蓋打開，挑戰「磨膝過彎」！

**磨膝過彎的重點僅有「膝蓋自然打開」而已，**
**只要騎乘的姿勢以及體重的掛載動作確實，**
**磨膝只是囊中取物而已，不過凡事都不能操之過急，**
**有問題還是要循序解決！**

當大家都熟悉了STEP 1 & 2的過彎方法後，接下來就要正式邁入伸出膝蓋的階段了。無論如何大家要注意的，還是應避免過度用力，然後自然伸出膝蓋。搞不好就在伸出膝蓋的瞬間，您就可以聽到一陣嘎嘎嘎的衝擊聲，表示磨膝成功了！即便磨膝尚未成功，同志們也不用太在意。

如果發現伸出膝蓋的動作會讓自己感到不安、或是過彎不順甚至過彎傾角變小的時候，表示自己身體的某處一定有施力過當的地方。如果問題不解決，就算勉強過了彎道，也不會是及格漂亮的動作。所以如果真的發現有問題時，一定要再度收合膝部，回頭從STEP 1 & 2開始複習。等到心

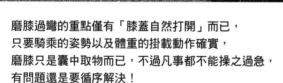

## 在完全熟悉以前 保持膝部的收合姿勢

在還沒習慣腰部大幅度的位移、同時把體重下沉於彎道內側的車體前，強烈建議大家要維持膝部的收合姿勢。等到動作都練習確實了以後，過彎傾角將會隨之加深，過彎時的速度也同時提高了。

### 強出頭的膝蓋 是不能讓車體出現傾角

「咻～」一聲把膝蓋伸出去，這種不自然的動作就是膝蓋強出頭了。雖然完全可以理解大家希望減少與地面之間距離的心情，但這只會招致反效果。在彎道內側用力伸出膝蓋，只會讓車體受到反作用力擺正而已。

中不安的感覺再度消失後，再重新伸出膝蓋挑戰磨膝即可。如果明明沒有不安的感覺，過彎傾角也的確足夠，卻總還是無法到達磨膝境界的話，不妨檢查一下自己膝蓋伸出的方式是否該調整。總之只要不要出現「強出頭」的伸膝動作，其他方面都可以慢慢練習。

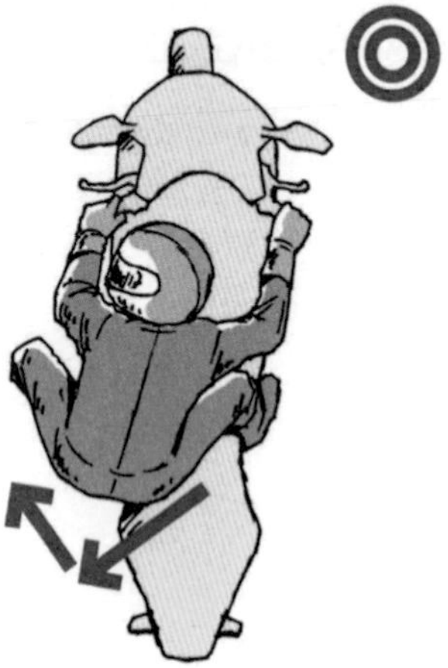

## 腰部往後挪移再往下降

就像把腹部往彎道內側後方拉近那樣後退，接著再沉入摩托車內側，好像是「往前下沉」的感覺。整套動作串起來的話，就像是一張扇型的動線。因為騎士的大腿不會離開坐墊面太遠的關係，荷重力依然保持完整。

## 直線挪移法荷重力很容易流失

腰部採直線型移動的話，騎士很容易就想用站在腳踏上、把屁股撐起來的方式移動。這麼一來，在移動的過程中，騎士的體重就會離開車體而造成不穩定，就算位移完成也很容易造成騎士的姿勢歪斜，這一點特別要注意。

## 腰部要像劃弧線那樣移動就對了

在進入彎道前，如果能先把過彎的姿勢調整好，其實用啥方法移動腰部根本一點都不影響過彎結果。不過，如果能採用「先往後退然後再往前下方降」的扇型腰部位移法，騎士可以輕而易舉地沉著深潛入彎道內側的車體。讓外側大腿彷彿從坐墊上滑過那樣移動，不僅簡單而且不易流失荷重力。這種方法在面對連續彎道時特別有效。如果腰部是以直線方式位移，橫向作用力的產生幾乎無法避免，如此一來就必須再次調整姿勢。另外，這種方式的另一個缺點，就是如果不踏腳踏就很難移動。大家可以用停駐車來練習怎麼位移才夠平順。

## 無須多餘施力　自然伸出膝蓋

只要練到對過彎已有一定心得後，接下來就要挑戰伸膝動作了。請不要在腿部用力，只要很自然地把膝蓋伸出即可。此時重心更加下沉、過彎迴旋力增加，即使加深過彎傾角，整個過彎動作應該還是可保持穩定。如果膝蓋伸出後會感覺心理不安，或車體開始擺正，那就是身體某部分有不當施力的證據，應再度把膝蓋收合，確認一下那邊的姿勢出了問題。總而言之，千萬不可急於一時。

## 進展一點都不順利嗎？檢查看看是否有這些狀況！

### ▶彎道內側的手腕是否緊壓著手把？

記得要用外側大腿與腰部牢牢支撐住上半身。當騎士對前輪的接地感或傾斜的速度產生心理不安而緊壓手把時，可以嘗試把前後懸吊系統的回彈阻尼值調低看看。

### ▶上半身是否往外側迴避了？

如果因為傾角太深產生心理不安，導致上半身往外側迴避時，可能跟過彎時速度過低造成車身不夠穩定有關。另外，也有可能是騎士想用力做出傾角而產生反效果。建議可從 STEP 2 再重新調整一下。

### ▶是否不小心踩到彎道內側的腳踏？

如果不小心踩到彎道內側的腳踏，會讓傾角無法繼續。治本的方法，就是不要在內側腳踏上施加任何力道。可以嘗試只用腳尖踏在腳踏上，如此就可避免在腳踏上施加過當的力道了。

### ▶視線是否太近？

如果眼睛都只盯著前輪前方的路面，那就是視線太近了。這樣一來，騎士很自然就會在手把上施加過度的力量，車體也就不容易轉向了。記得應該把整個頭抬往彎道內側並盯著彎道深處。可嘗試把前後懸吊系統的回彈阻尼值調低看看。

### ▶下半身的支撐力是否過低？

如果腰部位移方法不夠標準的話，支撐體重的力道就不足，請重新複習 STEP 1。若把膝部收合後心理不安便會消除，就表示在伸膝時曾經不當施力，可以從改善彎道內側的腳底擺放方式來下手。

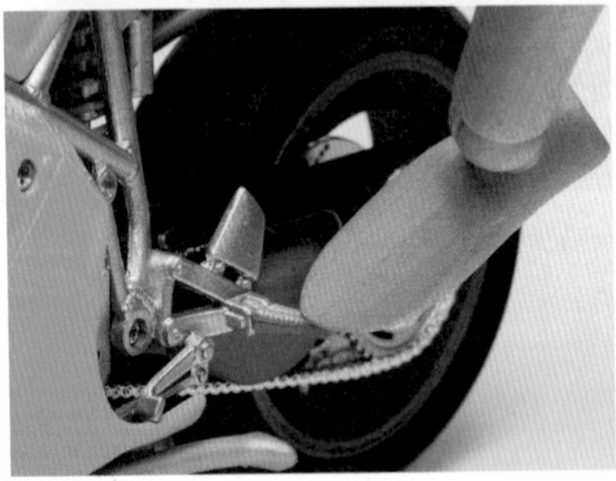

在伸出膝部時，最重要的就是避免過度施力。話雖如此，但一定有人認為：「不用力膝蓋怎麼伸得出去？」這是因為根據摩托車種類、腳踏設置位置以及騎士的體型，當騎士把腳踏上去的時候，的確有時膝部會不易伸展。如遇到這種狀況，就必須試著找出可以讓自己自然伸膝的腳踏法。畢竟原本在過彎時，位於內側的腳就應避免施力於腳踏上，所以任何腳踏方式都不影響過彎。

舉例來說，如果是位大塊頭的騎士跨坐上車，大多會有些拘束感，此時不妨試著把腳底踏在腳踏的根部（腳踏板或樞軸處）。這樣做可增加腳踝的活動自由度，有助於完成伸膝動作。另外還有一種方法是踏在腳踏的最前端，像是把腳插在腳踏上一樣。如果騎士有施力於內側腳踏上的習慣a時，可以只用腳尖踏在腳踏上，這樣就算改不掉施力的習慣，也不至於傳導到腳踏上了。

練習時先跨坐在停駐車上，反覆練習伸膝收膝的動作，再配合腰部的位移一起訓練，相信很快就能找到自己最輕鬆合適的騎乘姿勢了。

# COLUMN　磨膝　中級篇

好像已經有磨到膝的感覺！——疋田

疋田先生透過 STEP 1 練習找回原來的感覺。只要改掉原本在過彎瞬間突然施加荷重力的不當習慣，過彎傾角就會趨於穩定，過彎時的速度也開始趨向穩定。更棒的是，連過彎起點都能更深入彎道內，壓車速度更快。「剛開始練習時，一定要瞬間施力才會放心，因此修正過程不如想像順利，但後來就知道不施力的傾角反而更深，我好像已經有磨到膝的感覺了！」疋田先生興奮地說。接下來就要進入伸膝動作了……。不過接下來的路還長著哩。

可以感受到後輪堅實的抓地力道——豐田

豐田先生的步調比疋田先生更為慎重。過程中由於太過注意腰部的位移動作，反而亂了騎乘過程，同時也減弱了過彎的力道。不過旁觀者清，筆者看得出來豐田先生之後過彎的穩定感緩步漸增。「感覺後輪的抓地力越來越強勁喔，原來『施加荷重力』的威力真的很大，我想我抓到訣竅了。」豐田先生充滿自信地說。搞不好先磨到膝的人會是豐田先生？畢竟他的膝部與地面的距離，比他本人想像的還要近。

前部 · 回彈阻尼

後部 · 回彈阻尼

後部 · 負重預載

## 懸吊調軟拉近膝部與地面的距離

大排氣量車款的懸吊裝置「標準設定值」都是以高荷重為前提所算出的。如果只有一位騎乘者進行運動騎乘時，這樣的設定標準就會顯得太硬而無法靈活動作，說實話，並不適合拿來做「磨膝」過彎。

首先要把後部懸吊的負重預載值降低到介於標準值與最低值的約中間位置。接下來，還要調弱後部的回彈阻尼值（如果是超跑的話全部解除，半罩式車款的話則設定在標準與最弱中間）。同時，前部的回彈阻尼值也需設在標準與最弱的中間偏弱位置。這種設定可在騎士施加荷重力時確實下沉（懸吊收縮），如此便可達到安心穩定的過彎傾角，同時也拉近了騎士膝部與地面的距離，磨膝機率大大提高。

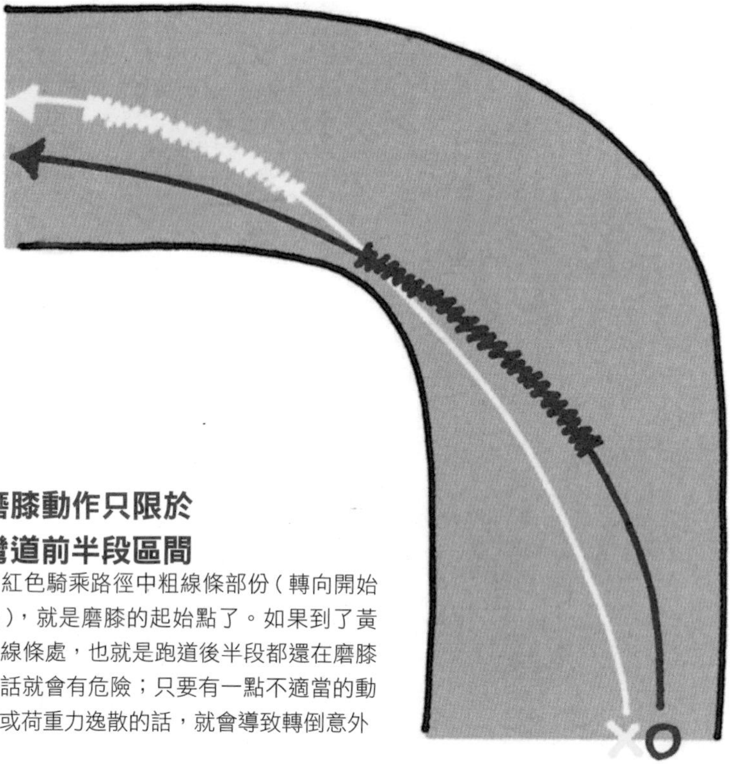

**磨膝動作只限於**
**彎道前半段區間**

在紅色騎乘路徑中粗線條部份（轉向開始後），就是磨膝的起始點了。如果到了黃色線條處，也就是跑道後半段都還在磨膝的話就會有危險；只要有一點不適當的動作或荷重力逸散的話，就會導致轉倒意外

## 最易達成的時速約在40～60之間

容易磨膝的練習彎道的最佳選擇應該是以中等速度通過、約莫直角的彎道，由於彎道前後都有一段相當的直線跑道，尤其是平坦或上坡彎道更對練習有所幫助，絕對不建議在盲彎上練習。

接著我們就來分析該如何在直角彎道上練磨膝。練習時要無視前後的彎道，只一心一意專注於在過彎前先把姿勢做出來，就是成功的捷徑了。

另外，磨膝領域只有在彎道的前半段，因為如果到彎道後半段都還維持極深的傾角，很可能會因荷重力逸失而導致轉倒危險。

大家在練習時，一定要充分注意周圍交通狀況，反覆於同一彎道上進行練習。

轉向開始的瞬間，要放掉身上不必要的力量。磨膝過彎時，腰部位移姿勢的鐵則就是：一定要在進彎之前就把姿勢擺出來。

## 腰部的位移時機須於進彎前提早準備

在進入彎道口還有一段很長距離時，騎士就必須先把腰部位移動作做出來。這就是正確的入彎前準備。就算連伸膝動作都先做出來也是OK的。

心中要屏除所有跟指令練習彎道無關的路徑，一心一意只要專心把姿勢做出來即可。在進入彎道瞬間，只要留心把力量放掉即可。

在轉向開始時才準備移出腰部的話，不僅會對摩托車動態造成妨礙，車體也將難以壓低。這樣不但磨不到膝，就連過彎力道也大大降低了。

所以在進彎前就必須擺好姿勢，以守株待兔的感覺等待到達預設的切入點，這時就配合釋放煞車作放掉力量的動作，讓整個動作行雲流水。

## 放低上半身姿勢讓騎乘更輕鬆

騎乘半罩式車款的要訣，就在於放低上半身的姿勢。只要讓身體與車體連結為一體，就可把重心放在很低的位置。

### 就算是半罩式車款 磨膝過彎也非難事

由於半罩式車款的騎乘方式讓騎士的上半身幾近抬起，因此很多人都以為要磨膝過彎應該是緣木求魚。但其實這是不正確的想法。

由於騎士的動作比超跑還穩健，拿來做為磨膝練習用車更能讓騎士感到安心。況且，無論是騎乘姿勢或應注意事項，跟超跑相較並無不同。只不過，騎乘半罩式車款時更會有施力於手把上的傾向，這一點特別要注意。另外，騎士的身體必須與車體緊密相連為一體，注意不可越騎越開。

有些車種會有腳踏先觸到地的問題，應注意傾角不可超過此界線，這是因為車輛在出廠前就設定好最深傾角了，硬要再壓低車身會有轉倒危險。

# COLUMN 磨膝 歷史篇

## 磨膝過彎的開山元老 仍為車迷津津樂道

雖然稱不上是正式紀錄，但芬蘭出身的Jarno Saarinen是第一個把斜掛轉彎技巧帶入賽場上的人。Saarinen選手出身於冰上競速，其後轉向道路賽發展。當時他大幅移動腰部過彎的姿勢被視為怪異行為，但隨後他就在GP250等級嶄露頭角，並在72年拿下冠軍。令車迷扼腕的是，他在73年的比賽中被捲入連環車禍之中，以27歲之盛年身故。因此，即便他在重車界的知名度不高，但他可以說是磨膝過彎的「開山元老」。

在Saarinen那個時代，重車界別說是磨膝了，就連一般的過彎技巧也不怎麼重視。當年的重點都放在如何在直線路段飆出最高速，對於彎道只要求「可通過」的程度。不過，

**現今賽場上磨膝已經是小咖了！很多選手連小腿都磨上了……**

在最新科技的推波助瀾下，現今車款的過彎傾角已經可以到達不可思議的地步。甭說伸膝出去的空間沒了，感覺上整個小腿肚都能直接在地上磨擦……。或許在不久的將來，這又會成為一般車友們爭相仿效的對象，不過至少現在應該還沒人敢挑戰吧？

隨著懸吊系統、車胎與車架的進化，過彎技巧逐漸成為左右勝敗的要素，此後斜掛與磨膝技巧終於在賽場上抬頭。

不過說到磨膝過彎，就不得不提到80年代最有名的兩位賽場英雄：Kenny Roberts以及Freddie Spencer。當時可說是重車賽的黃金時期，幾乎每個月相關雜誌都是以他們兩人磨膝過彎的照片來當作封面，因此越來越多的選手把磨膝視為騎乘重車的必要技巧。

話雖如此，當時只能算是磨膝過彎的「過渡期」，畢竟不是每位GP選手都可以磨膝過彎的。因此，那時在連身皮衣上並沒有配備任何滑塊，要磨膝的選手還得自己用膠帶纏好幾圈來做保護。從84年開始，滑塊才被當成標準配備使用，所以說磨膝過彎的歷史，其實沒有大家想像的久遠。

藉由親手貼膠帶的過程集中注意力的 Spencer 選手。他手中所持的膠帶是美國的特製產品，既輕薄又具高耐磨度。

## 1983 Freddie Spencer

Spencer 的過彎姿勢彷彿就像是用膝蓋做支點，獨特的過彎技巧在當年曾號稱是「三支點過彎法」。這透露他的過彎姿勢在當年有多麼搶眼了。

## 1983 Kenny Roberts

Jarno Saarinen 出身於冰上競速、Roberts 出身於越野車賽，兩者都系出滑胎型車手。史上就是他們兩人，把斜掛轉彎與磨膝過彎推廣至二輪賽場上的。

# POINT 4 膝蓋已經快要磨到地面

## 過彎傾角已練到近完美了，只差臨門一腳

**這次兩位挑戰者都已經把膝部拉到與地面相當接近的程度，
無論在過彎傾角或進彎速度方面都已接近完美，
就只剩下伸膝動作，
但沒想到最後這一步竟然走得如此漫長……
剩下的數公分彷彿咫尺天涯，
不過，練習前與練習後的騎乘姿勢已然判若兩人！
這也是拜磨膝過彎神功之賜！**

### 姿勢已經趨近完美 就快要成功了

有關這次疋田先生與豐田先生的「磨膝過彎大挑戰」結果出爐，令人抱憾的是，這回兩位都無法達成磨膝目標。

「開始時說得那麼好聽，結果磨膝過彎終究是難得要命的技巧。」或許有不少讀者會開始有這種想法，不過這種說法本來就不可否認，但又不能完全這麼說。

首先要澄清一件事實，就是這次兩位挑戰者在經過一連串練習課目後，攻略彎道的姿勢與水準已經有了明顯的提升。比如過去也曾經參加過好幾次騎乘技巧企劃的疋田，就

## 原本自信絕對可以磨到膝
## 操之過急肯定沒有好結果

「應該已經磨到了吧？」就連本人與一旁觀看的工作人員都如此認為，可疋田就是一直差那臨門一腳。到最後，對於極深的過彎傾角與高速過彎都遊刃有餘了，沒磨到膝的結果反而令人不解。或許也就是因為心中操之過急的焦慮，讓疋田到最後都還是跟磨膝失之交臂。在技巧上已經趨近完美，剩下的只是精神面的問題。下次要在心情沉澱後，再度挑戰磨膝！

是最好的例子。較可惜的是，他因自認技巧夠而有些大頭症傾向，而且過去也有幾次觸到地的經驗（本人說法是還不到磨地的境界），因此就算腰部位移量夠大，車體則穩定性不足且過彎速度也偏低。

但在經過這次練習過程洗禮後，他修正了騎乘姿勢與重心位置，並減少施加無謂的力量後，過彎速度就提升到了令人訝異的地步，就算極深的過彎傾角也已經難不倒他。以旁觀者的觀點來說，他已經到了那種「過彎技巧已趨近完美，就算沒磨到膝又怎麼樣」的境界了。

不過，這次單元的重點還是在「磨膝」。疋田本人也一直不解，自己為何就差那一步。雖然膝部距離路面只剩些微的 1~2 cm，但或許是下意識中把這個距離看得太重，反而造成反效果。又在時間與疲憊

## 終究還是沒達到磨膝目標<br>但過彎技巧已經爐火純青

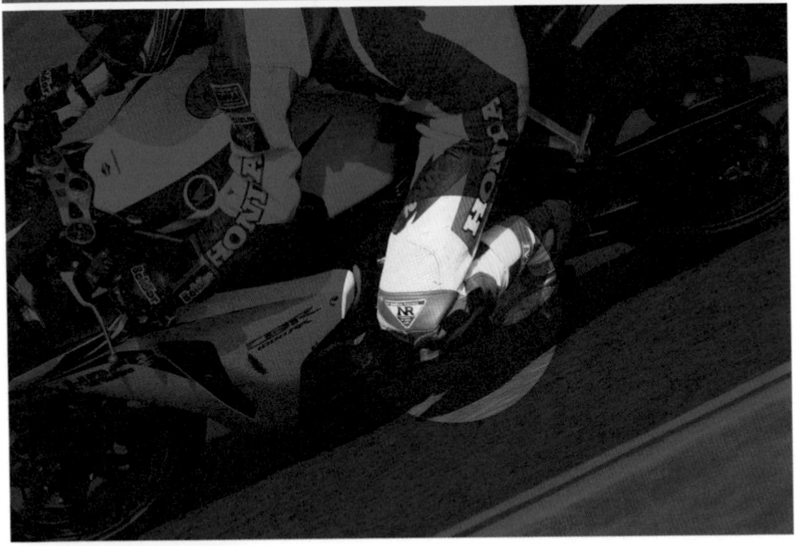

雖然一直對腰部大幅位移姿勢困惑不解，但經過半天左右的練習後，膝部位置已經跟地面之間差距不到 10cm 了。不過，最後因為時間不夠，不得已鳴金收兵。既然過彎傾角與過彎速度都有了，而且過彎過程穩定平衡性又佳，只要再加一點腰部位移量，相信磨膝過彎只是時間問題而已。

的雙重壓力下，越著急車體就距離地面越遠。因此，這次未能達成磨膝目標與其說關鍵在技巧，不如說是「心理面」的問題。這個問題不僅限於磨膝技巧，也可能對騎乘技巧有全面性的影響。不過，尤其以喜好運動騎乘的騎士來說，跟疋田有相同問題的人應該不在少數。筆者可以斷言：只要能放鬆心情，別給自己帶來心理壓力的話，一定可以磨到膝。

接下來則是豐田先生的狀況。擁有多年重車騎乘經驗的他，一直以來都是採同傾的方式過彎，因此訓練開始時，對於要移出腰部的動作難以適應。要求原本已經習慣同傾位移的身體，一下子改變為磨膝過彎的姿勢，這可不是一件容易的事。不過豐田先生在練習前與練習後的表現，可以用脫胎換骨來形容。與疋田先生一樣，經過練習後，過彎傾角與

## 本回練習舞台在日本的那須 Motor Sports Land

編輯部選在那須 Motor Sports Land，作為本回「磨膝過彎大挑戰」特輯的實地練習舞台。相對平緩的賽道規劃，讓即使騎乘資歷尚淺的騎士也能放心騎乘。這次大家在這個賽道上都獲益匪淺。那須 Motors Sports Land 除了有比賽活動或公休日以外，都開放給一般社會人士使用，加上門票票價又很合理，不僅適合拿來當作磨膝過彎的練習場地，就連練習一般騎乘技巧也是很不錯的選擇。

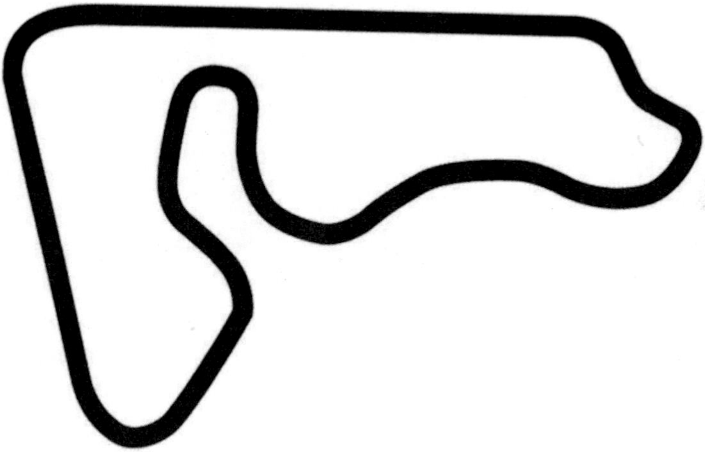

■賽道全長：1146m ■賽道寬度：最小 7.5m，最大 12m ■最大直線距離：281m ■曲線半徑：最小 15R，最大 125R

過彎速度都是練習前的兩倍以上，這可不是奉承話喔！

豐田先生之所以無法達成磨膝，原因也很簡單：「腰部位移量少了那麼一點點」。這個問題已經不是技巧的層次，而是時間的問題。無論是其過彎傾角或速度，都已是爐火純青了，如果還要改善騎乘姿勢的話，也已經相對簡單了。這其實也是所有需要平衡感運動的通用原則：「自以為動作已經很大了，但其實並沒有自己想像的大」。只要能夠耐著性子慢慢增加位移量，相信很快就可以磨到膝了。

磨膝過彎原本就是一種高級技巧，優劣判斷也很明確：磨到跟沒磨到而已。這與判定一般技巧所用的「高超」或「快速」等依靠自由心證的評斷完全不同；這也是挑戰磨膝過彎時，令人心服口服的地方。暴虎馮河般的「強出頭」磨膝固

在那須 Motor Sports Land 舉辦的 Riding Party；很多初學者的人生磨膝過彎初體驗，就是在這裡達成的

然不可取，但只要分階段逐步確實練習，相信絕對會有所收穫與進步的。這次沒磨到膝固然讓人有些氣餒，但摩托車可不是只爭一時的運動，何妨不把樂趣留給下一次呢。

「就剩那麼一點……」那種每一階段中挑戰與成就的交替，才是摩托車運動讓人樂此不疲的精髓吧。

最後再跟大家強調一次，練習時請挑選安全且車子較少的地方，因為不曉得會發生甚麼事情，所以盡量不要用盲彎來練習，而且在盲彎練習還會增加心理壓力，讓身體僵硬不售控制，任何騎乘技巧與騎乘樂趣都建構在安全的操駕上，快樂出門，平安回家，才是讓親人支持各位騎車的最好方式，流行騎士在這裡預祝各位都能達到磨膝過彎的目標。

COLUMN 磨膝總歸納

# 綜合各階段重點，為達成「磨膝過彎」而努力！

## STEP 1 用身體感覺「磨膝過彎」的姿勢要領

- 並非往橫向位移而是「往前方下沉」
- 腰部位移量要比自己想像的程度還要多很多
- 過彎傾角不可能迅速加深

## STEP 2 並非往橫向動作，而是往下「潛入」

- 剛開始時要收合膝部來抓感覺
- 注意不可將體重從坐墊移開
- 用下半身支撐體重的方式是重點

## STEP 3 準備伸膝同時挑戰磨膝過彎！

- 維持收合膝部的騎乘準則，伸膝開始
- 注意不可用力踏彎道內側的腳踏
- 如果注意力只放在膝部時，視線無法放遠

## STEP 4 緩緩抓住訣竅與時機，目標達成！

- 技巧越趨純熟俐落
- 彎道前半段是磨膝的最佳時機！
- 如果意識太過偏狹，就容易在手把上施力

# 編輯部推薦的「磨膝過彎」好用車大集合！

KAWASAKI Ninja 250R

要用大型重車來達成「磨膝過彎」動作，的確需要一點勇氣。對於想要挑戰磨膝的讀者們，我推薦這款 KAWASAKI 的 250cc 運動車款 Ninja 250R。原廠車胎的輕快騎乘效果，感覺與地面之間的距離近在咫尺，相信令我每每回憶起跑在林道上的暢快操控感，一定也能幫你達成磨膝過彎的夢想。

HONDA CBR600RR

我的推薦車款，就是在超跑中最親和的 CBR600RR。首先值得一提的，就是它的輕盈曼妙與適合東方人體型的騎乘姿勢，再加上即便少量的荷重力，也能立刻回饋的懸吊系統，讓騎士騎乘起來有如行雲流水。就算騎乘技巧有些小出錘，車身的優越平衡性也能多少補救回來，相信這台車將是騎士練磨膝過彎的最佳拍檔。

SUZUKI HAYABUSA 1300

對於磨膝過彎一直有著莫名恐懼的筆者，在這台 SUZUKI HAYABUSA 1300 的幫助下，也能夠安心磨膝了。在進入彎道並放掉煞車後，車體會自然下壓，即使在過彎中也展現出強大的穩定性能，讓騎乘者能夠完全放心將體重掛在車身上繼續殺彎。筆者認為有適度的重量以及車幅的前提下，更容易達成磨膝過彎目標。

## SLIDER IMPRESSION

### 滑塊使用感大測試！
### 重點不僅在材質與形狀，磨膝時的感覺也很重要

工欲善其事必先利其器，市售的各種滑塊
的確各有各的巧妙設計，無論外型或塗裝都各有特色
以下就幾個代表類型，告訴大家磨起來的感覺如何！

## 滑塊的特色

除了外觀、形狀、材質外，摩擦時的感覺也構成滑塊的「質感」。

## 接觸面積較大的滑塊

ALPINESTARS
GP KNEE SLIDER

細長的造型的確很有個性，與路面的接觸面積很大。至於磨膝感方面，硬度在這次的測試中算標準。厚度有 19mm，不能左右替換。

## 上半部接地型

DAINESE
KNEE SLIDER

外觀乍看之下似乎硬度超高的樣子，但在實際磨膝過後，令人意外地感到柔軟。從外型設計上來看，也像是以上半部接地的形狀。厚度為 20mm 的標準尺寸。

## 觸感柔軟型

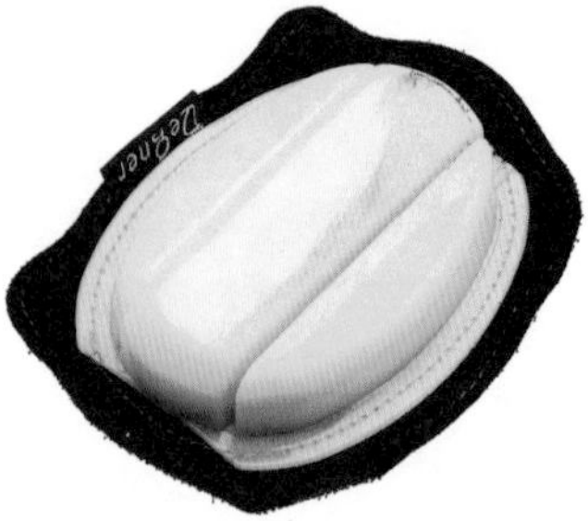

DEGNER
BANK SENSOR

在這次測試中磨膝感覺最柔軟，印象中彷彿是用肥皂滑過路面一樣，磨膝感相當讚。厚度為 24mm。

## 高硬度的快感

HYOD
HYOD PRO RACING SLIDER

在這次測試中感覺硬度最高的產品，磨膝時會發出「卡卡卡」的聲音，這也算是一種磨膝時的快感來源吧。厚度有 23mm，另外也有外型不同較軟的產品。

## 皮革製品系

KADOYA
BANK SENSOR（皮革型式）

這是用皮革材質製造的滑塊產品，就跟其他用橡皮製的一樣，當接觸到地面時，高度的抓地力感覺快要把膝蓋往後帶了。厚度 12mm。

## 大厚度滑塊

RS TAICHI
V SLIDER

看起來硬度似乎相當高，但感覺得出來跟路面接觸時的角度不錯，磨起來感覺舒暢。厚度有 25mm 之多，也相對拉近了與路面的距離。

## 圓弧形接觸大面積

KUSHITANI
BEND KNEE SENSOR

跟路面接觸面成圓弧形設計，磨膝過彎時可感到是整個面與路面接觸而非單點。磨膝感有點偏向硬調。厚度為 25mm。

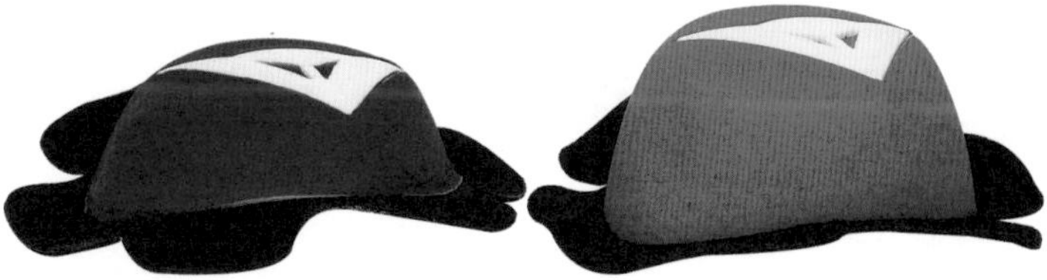

照片右側厚度較高的就是雨天專用滑塊。如果在晴天用這個的話，一定能提高磨膝率！

就連世界冠軍 V. Rossi 都使用雙層滑塊！（天雨路滑時……）
滑塊厚度越高，磨膝機率當然也越高

即便是在將磨膝過彎視為家常便飯的 MotoGP 或 SBK 大賽，如果遇到天雨路滑氣候時，就連那些職業選手也無法用大傾角磨膝過彎。因此，許多選手會選擇使用雙層結構的滑塊。在比賽過程中全心投入的職業選手們，即便面對濕滑路面也要儘量利用磨膝過彎的方式，來抓出過彎傾角與車胎的滑走量。

如果你每次的磨膝過彎都只差那麼一點點的話，或許這種方法也是不錯的選擇。圖為編輯部自製的雙層滑塊。

# 04

# 一起成為
# 右彎高手

## 馬上嘗試，立即見效

CHAPTER 4

# 馬上嘗試，立即見效！

## 一起成為右彎高手吧！

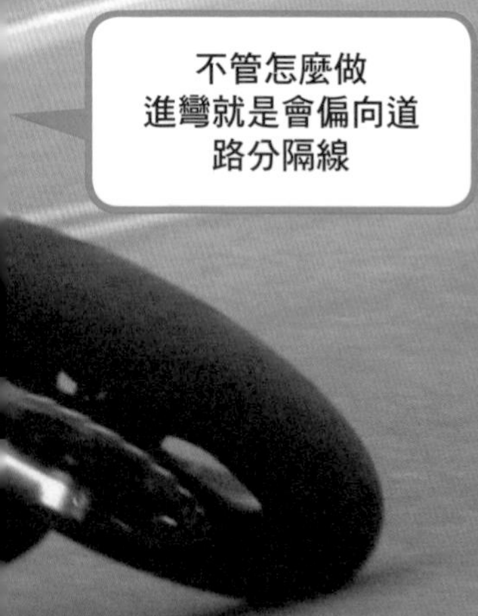


### 讓你不再畏懼惱人的右彎

處理左彎時完全能夠泰然面對，但對右彎就是沒辦法
右彎時最先出現的就是恐懼感，根本無暇思考處理得漂亮與否
身體的擺放也不像左彎時那樣自然。
其實大部份的騎士都會遇到右彎問題
本回將會就右彎讓人感到恐懼的原因進行徹底的研究
只要瞭解心生恐懼的原因及克服的秘訣，
右彎便不再形成威脅！

左彎一條龍
右彎一條蟲
難道真是我太遜了嗎？
萬一對向有車的話
怎麼辦？
右彎確實是潛藏著
一些陷阱……
路肩常堆積砂土落葉
進彎取線不能取得太深
車子一進行傾倒
身體便開始僵硬

POINT 1

# 消除右彎的「恐懼」

## 只要這樣做就能解決大部份問題

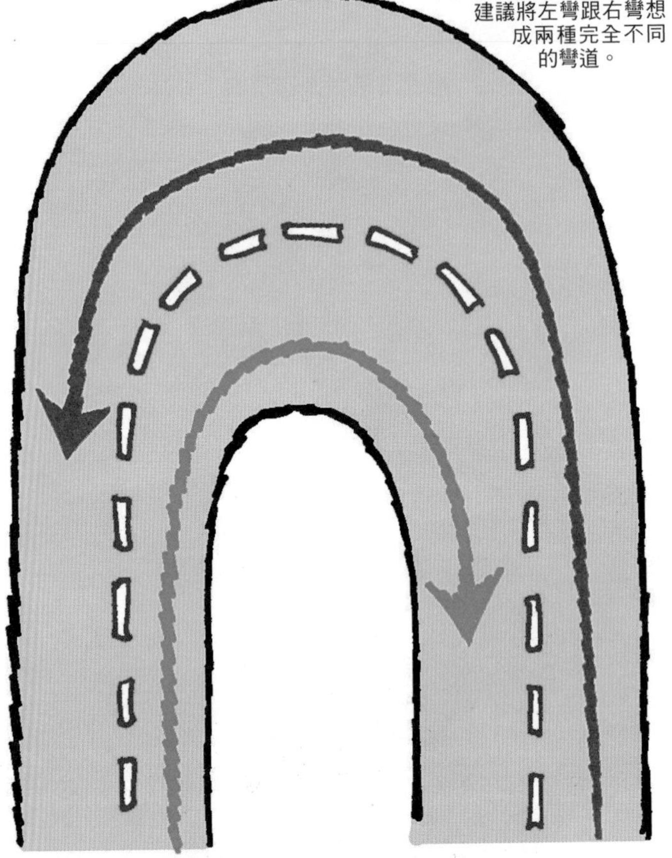

右彎的距離較短，因此基本上難度本來就偏高。在此，建議將左彎跟右彎想成兩種完全不同的彎道。

**許多人對右彎根本是徹底沒輒，幾乎沒辦法去挑戰它**
**在這裡，我們首先從能夠讓各位安全過彎的「取線」開始介紹。**

### 即便是同一個彎道 右彎的距離也比左彎短

殺彎時只要碰到左彎大都能夠愉快地處理，但讓人搞不懂的是，即便是同一個彎道，為何面對右彎的心境會跟左彎差這麼多？各位可別這麼早下定論喔，這是因為一般道路的右彎外側為對向通行，而右彎的距離又會比左彎來得短。在旋回半徑減少的狀況下，過彎速度一定也會受到影響，所以說像右彎這種需要用到大傾角的彎道，從一開始就註定比左彎要來得棘手。

此外，處理左彎時，過彎的路線是進彎道路寬，但出彎路線窄，右彎則恰好相反，所以建議將左彎跟右彎想成兩種完全不同的彎道為佳。

## 沿道路分隔線騎乘
## 也無法保證安全

沿著道路分隔線騎乘的話，過彎取線絕對不會往外拉直，所以相當安全。但……真的是這樣嗎？
沿著道路分隔線騎乘時，騎士的視線很容易集中在前輪的前方位置，要是不知道彎道曲率的話，其實彎道視野相當有限。假使眼前的右彎在後半段的曲率突然驟增，那麼取線跟行車分道線的間距將會瞬間大幅增加，這時騎士一定會慌了手腳。因此，若想沿著道路分隔線騎車，只有用極低速的方式才行。進彎時車輛飄忽不定，出彎時取線向外拉直的騎乘方式，其實是相當危險的。

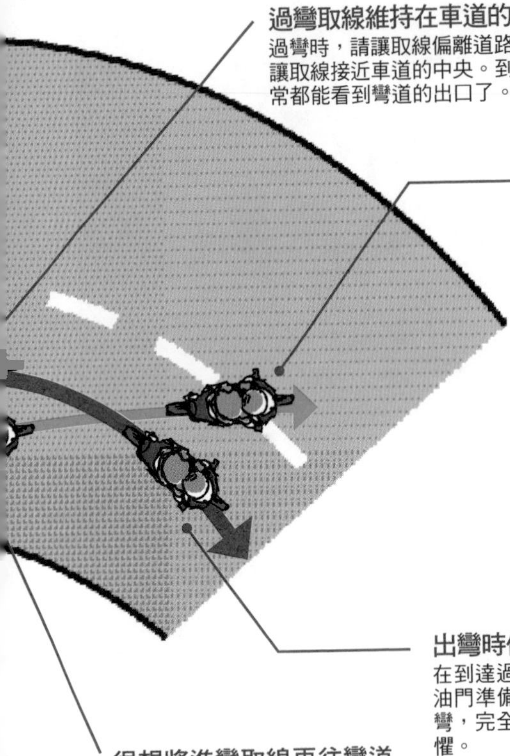

**過彎取線維持在車道的中央為止！**

過彎時，請讓取線偏離道路邊緣線，並且讓取線接近車道的中央。到達這裡時，通常都能看到彎道的出口了。

**彎不過去時可是很嚇人的！**

這時出彎取線開始拉直了，相信應該不會有人就這麼認命直接衝到對向的，不過可以發現此時油門根本連動都不能動，能做的只有含油門而已了。

**出彎時催油門！**

在到達過彎後半段時，就可以開始開油門準備出彎了；用這樣的取線來過彎，完全不需要面對取線往外偏的恐懼。

**很想將進彎取線再往彎道內側深入一點**

從彎道外側進彎時，其實進彎點再深一點會更好，但因逐漸逼近的分道線，最後會提早進彎位置。一旦陷入於此，往後的過彎將會很棘手。

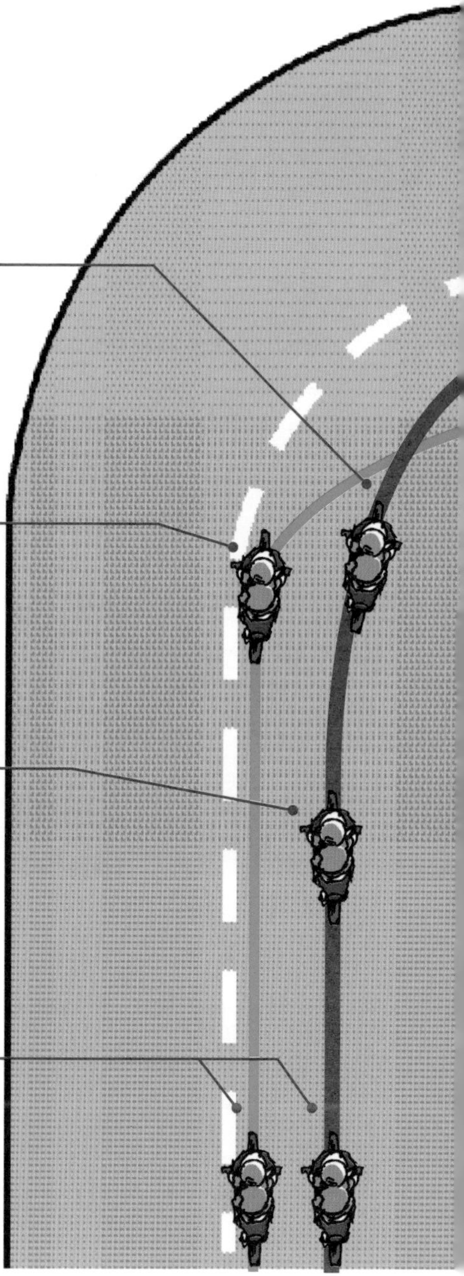

### 儘早將取線往內偏，並且保持行進路線

轉向時，隨著彎道的曲率，開始將取線向內偏。另外，過彎時切勿依著彎道的路緣線過彎，保持平緩取線才是正確的進彎方式。

### 陷入「隨彎逐流」的泥沼，進彎取線反而太靠內線

由於進彎時過早轉向，進彎取線會太偏內線。除此之外，因出彎過早，只能先含住油門看看，之後只得聽天由命了。

### 從行車道路的中央開始進彎

進彎時的路線相當靠近道路邊緣的位置，建議注意別讓自己的取線太靠近道路邊緣，以免最後「隨彎逐流」，此外也要開始確認進彎點的位置。

### 這時就要決定過彎的取線

首先，得知前方彎道為右彎，這時車子偏左或偏右其實都沒關係，但是決定過彎取線可是很重要的，千萬不可「隨彎逐流」。

對向車道的寬度，加上從行車線外側觀察，左彎時的視野比較大

## 右彎也能讓人放心？

同樣的彎道曲率，同樣是看不到前方路況的盲彎，為何多數經驗老到的騎士都覺得「右彎也可以很好處理」呢？難道老手在處理右彎時，看得到盲彎的路況嗎？

其實，右彎盲彎的路況是可以看得到的，講得更精確一點，觀察右彎的路況只比左彎來得稍難一些。

以右側為行車線的台灣，如果不考慮右彎對向車道的幅寬，騎乘時應該走向路中間的曲線。就左彎跟右彎來說，右彎的視野只比左彎來得小上一些，所以說在處理右彎時假如碰到曲率極大的彎道，或是對向車的出現都還能夠及時得知，因此老手們才會覺得右彎也能夠讓人放心。

此外在右彎時，由於行車線的外側就是對向車道，若

右彎因為旁邊就是山壁的關係，視野會受到擠壓

以為真的彎不過去時，還可以切到對向車道的話，那可就大錯特錯了，這只不過是視覺所帶來的安心感，如果對向真有車輛駛來的話，那可就萬劫不復了，在山路的盲彎中逆向絕對是要不得的行為，因為對向來車也身處於盲彎之中，無法瞬間反應，而且對撞的話絕對是傷害最嚴重的一種車禍，千萬不要因為自己的一時興起，對兩個家庭造成無法抹滅的傷害。

相對地左彎的場合，路旁的固定式護欄也是一樣危險，取線如果外拋的話，馬上就會衝撞到護欄，如果護欄旁就是懸崖的話就萬事皆休了，因此在山路騎乘上一定要量力而為，不做勉強的騎乘技巧，保持隨時可以應付突發狀況的空間，想要磨膝過彎還是磨肘過彎都請到賽車場裡吧。

隨著騎乘位置的向前移動，騎士在靠近摩托車重心的情況下，可以快速且輕盈地傾倒，即便車速不快也具有其效果。

## 將乘坐位置往前拉 提升右彎安心感

下坡時，就算什麼都不做也會速度也會持續上升，一般來說根本不會再去考慮轉開油門變成加速狀態，就算依賴引擎煞車維持低速，但在低檔位、高轉速時補油後輪會有打滑的疑慮，如果維持高檔位、低轉速時，遇到陡坡的話又會有煞車不及的危險，後輪無法利用加速時擠壓地面提高抓地力，也無法獲得迴旋時的安定感，心生恐懼也是很正常的。

如果還遇到「下坡右行髮夾彎」的話，可說是罩門中的罩門，處理這種彎道時特別花精神，建議有這種困擾的騎士，可以試著將乘坐位置往前移動看看。

「往前乘坐」的用意，在於將騎士跟車輛的主要重心——引擎的距離拉近。往前乘

雖說偏後方的騎乘位置可以增加過彎的力道，但要是傾倒的速度跟進彎速度配合不上，可是會產生不安的。

坐後不僅能夠讓車輛在低速時擁有敏銳的操控性，在過彎時也可擁有輕盈的傾倒感。另外，它能增加前輪的接地感，即便在傾角加深的情況下，騎士也不會感到太多的恐懼。雖然這樣的方式會降低過彎效率，但只要將車速降低到一個程度，就能夠泰然面對這樣的彎道了，故如此的方式對於消除過彎時的不安相當有效。這個方法奏效後，再慢慢將騎乘位置往後方移回去就行了。

但要注意，將乘坐位置往前移動時也要注意一下，切勿讓自己的騎乘動作變成推車把的姿勢。此外，記得姿勢可別做得太大。

另外，降低進彎速度可以提早轉開油門激發巡跡力，也有助於過彎時的穩定性，感覺也會比較安全。

POINT 2

# 過左彎跟過右彎是不同的

## 右彎這麼難搞，跟人體構造有關

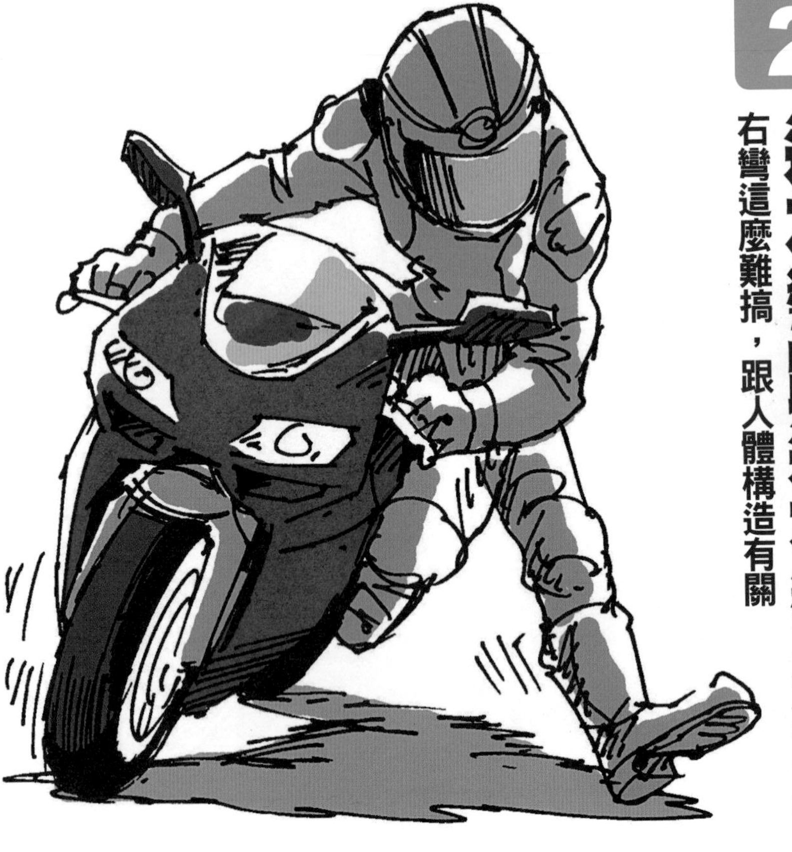

外側沒有中線的話，就能更漂亮地通過右彎
這種看似謠言的事情竟然是真的！

### 左彎時恐懼感較少是因為感覺上的錯覺

不少騎士會覺得左彎「比較好通過、較少恐懼感」，原因是在於「軸心腳」。例如停機車時，多數的騎士都是先用左腳支撐，推車也都是在車身左側進行的。如果把這些動作都改成在右側進行的話，就會產生極度的恐慌。

像這樣的心理因素，也在過彎時起了不少的作用。多數人的心裡會想著：「左彎時假如車身真的摔倒，或許還可以用左腳支撐車子。」不過，這是不可能的。就算車速再低，左腳也不可能將移動中且將近２００公斤重的車輛支撐住。

所以攻略左彎時也需要小心為上，不要被錯覺影響了。

鈴鹿賽道

岡山國際賽道

筑波賽道

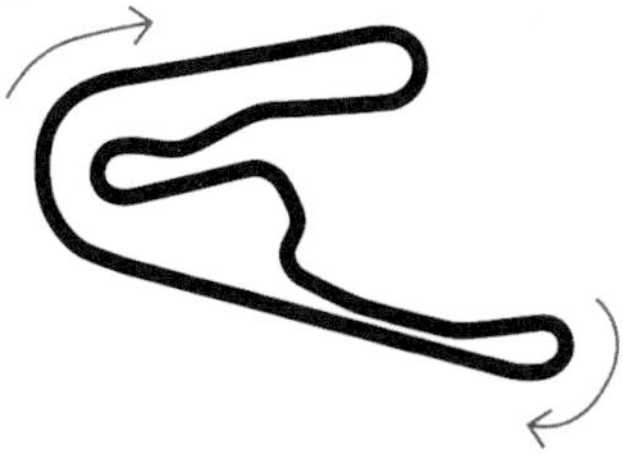

Sports Land SUGO

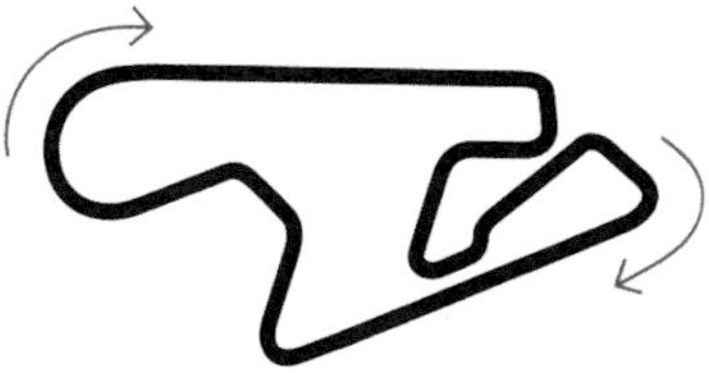

## 為何賽道的右彎數量比較多？

以前歐洲的賽道設計都是採用順時針(Clockwise)走向，所以賽道的路線走向會自然地偏向右彎（鈴鹿賽道的西賽道則是左彎）。順時針賽道的右彎數量會佔總彎道數的七成左右，所以有不少賽車手對於通過右彎還蠻拿手的。此外，美國的環狀賽道（砂土滑胎車賽及改裝車賽）都是逆時針賽道。

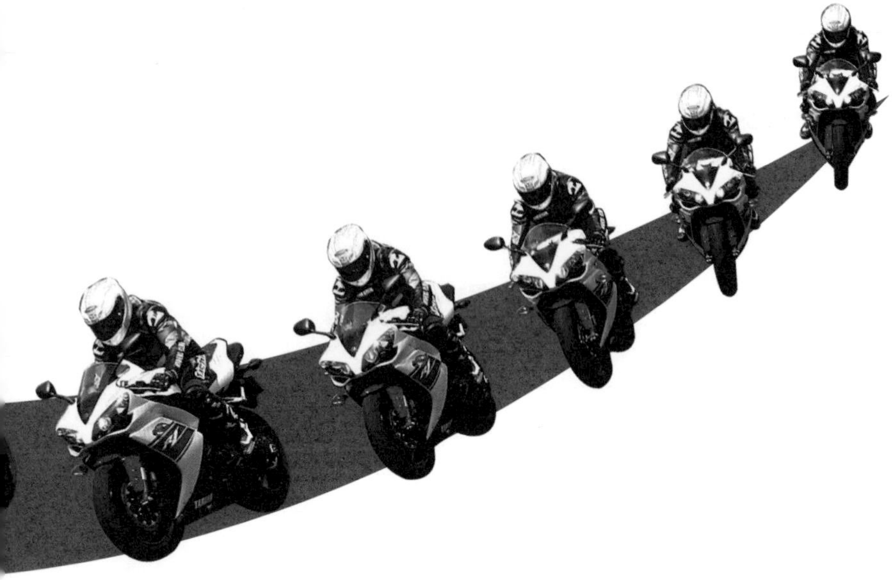

## 軸心腳大多為左腳　所以會覺得右彎難搞

對於右彎比較不拿手，應該是大部分的人都有的問題，以靠左側行駛的日本為例，右彎時必須切過中線，就某種層面來說，這或許是其中一個原因，但其實就算是靠右側通行的國家，例如台灣或美國，騎士一樣會覺得右彎沒有辦法像左彎一樣順手。

這個跟人的軸心腳有很大的關係，其實人體有所謂的「軸心腳」，意即會下意識將身體的體重置於一隻腳上，就算在兩腳站直的狀態，體重也不會平均置於左右腳上。這個事實會對於騎乘造成影響。

大多數人的軸心腳都是「左腳」。例如下樓梯時，常會先踏出右腳，左腳則是繼續留在原先的階梯。「萬一右腳沒踏穩，左腳還可以來救援。」人都有這樣的下意識反應。過彎時也一樣，騎士總是能夠放心地將體重放置在能夠支撐身體的左腳（左彎時）；面對右彎時，就顯得比較緊張，不知如何正確擺放體重，也會讓身體顯得僵硬。

但每個人的軸心腳都不同，也沒有右撇子的軸心腳就應該是右腳的道理。

所以各位可以用左圖中的方法來檢查自己的軸心腳。首先將右腳往斜前方伸直，將體重置於右腳，這時候會發現右腳膝蓋出現小幅度的彎曲。接著將右腳抬起來，將體重置於左腳，這時發現，即便重量頗重，左腳承受度還算不錯。相較之下，右腳反而因為支撐力不足，膝蓋會有較大的彎曲現象。如果測試的結果相同的話，那麼就能證明軸心腳是左腳。若感覺相反的話，那麼你的軸心腳就是右腳。

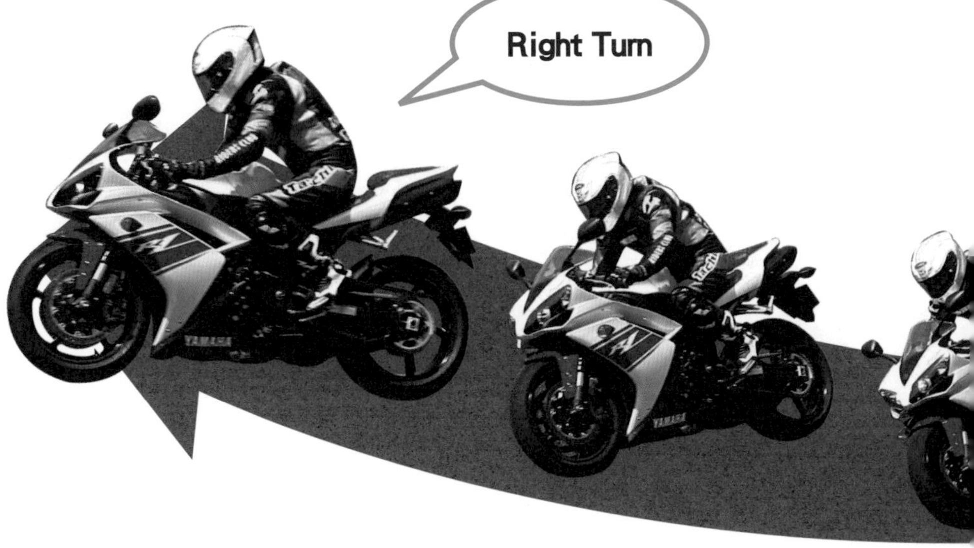
Right Turn

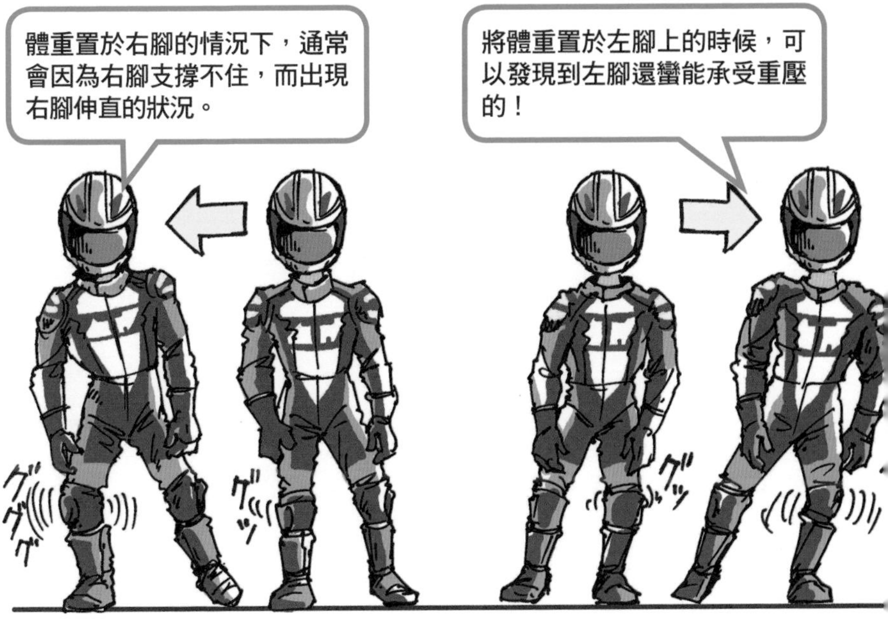
體重置於右腳的情況下，通常會因為右腳支撐不住，而出現右腳伸直的狀況。
將體重置於左腳上的時候，可以發現到左腳還蠻能承受重壓的！

重心在右腳

重心在左腳

## 右彎時會下意識去阻礙摩托車的行動

前頁圖的右彎以及本頁圖的左彎連續圖，是在平坦且寬闊的地點進行拍攝的。先以時速40公里前進，接著在定點開始進行轉向。由於是定點轉向而非面對一個真正的彎道，從車手轉向的正前方拍攝時可以發現到，左向的旋回軌跡相對較小。

首先，在車輛轉向開始的瞬間，不管左彎、右彎，所面對的正面方向都是相同的。不過，左彎的連續圖中，車輛從第一張圖就開始轉向了。相較之下，右彎的連續圖在第二張時還向著前方，到第三張圖才開始轉向，第四張圖才比較接近左彎的連續圖第二張的狀態。

我們可以發現，左彎跟右彎的「車輛轉向」有如此大的不同，但問題還不只是這樣。面對左彎時，車手可以在一邊加深過彎傾角的同時，一邊讓車身畫出圓滑的過彎軌跡。光從照片就可以看出，車輛在左彎時呈現出一個漂亮的橫向路線，從拍攝照片的現場看，也是這麼地順暢。

但是在右彎的連續圖中，可以發現到第五張圖時，車輛便停止了加深傾角的動作，從拍攝現場看更為明顯。所以，當車輛轉向曲線停止、傾角深度停止增加時，過彎的軌跡將會變成直線，過彎曲線才再次回到圓弧軌跡。可想而知，右彎的旋回半徑會比左彎要來得大。

擔任實驗車手的高田先生說：「右彎處理起來的確比較棘手，但是倒沒有阻礙車輛行動的想法……。」高田的語氣並不是很踏實。實驗是在寬廣

平坦的場地進行（筑波賽道的金卡那競技場），既沒有盲彎，也沒有護欄。既然實驗場地根本不是一個賽道，那麼也就跟地形沒有關係了，但是左彎跟右彎還是沒辦法用同樣的方式處理。

其實，人體構造對這個現象有著極大的影響……。

當知道了左、右彎道各自的差異以及理論上的知識後，下一章節我們就來佐以實證和徹底剖析右彎攻略技巧，一開始請在停車場或是安全的地方練習姿勢的變化，習慣之後再找簡單的彎道實際操練，最後才是攻略盲彎，循序漸進才是最快熟練的捷徑，也是維持安全的不二法門

下樓梯時先暫時停止動作，然後再一次進行動作時，會發現大多數的人會先踏出右腳，左腳留在原地。因為，人體會下意識地運用左腳來支撐身體。

# POINT 3

# 左彎、右彎 騎乘姿勢大不同

## 希望處理右彎能像左彎那樣，但是……

**希望過左彎跟右彎都能用相同的騎乘姿勢**
**但兩者其實存在著不小的差異**
**而不同的重心擺放還遠比騎姿的差異大得多！**

### 臀部會下意識自動往左偏？

騎乘摩托車時，身體是保持在車輛中心線的嗎？「那當然嘍！」相信很多人都是這麼認為的。但實際上，騎乘摩托車時，身體是會特別偏向一邊的。若從後方觀察其他人的騎乘狀況，讀者一定可以發現這個現象。

其實，很多騎士騎車時身體都是偏左邊的，這跟前述的軸心腳及停車習慣有關聯。

這種身體偏向某一邊的現象，會產生很大的影響；若身體隨時處在準備左彎的狀態下，當然處理右彎就會比較困難一點。此外，當車輛開始轉

## 重心無法擺放完全的右彎 vs. 上半身呈放鬆狀態的左彎

以整流罩風鏡上端的基準點，注意頭部還有右肩的高度，可以觀察出右彎的騎乘位置較左彎來得高。

不僅內側的肩部（左肩）位置很低，上半身也保持著偏低的姿態，且左手腕也比較能夠放鬆。

向且騎士腰部向外滑出時，處理左彎的動作會比較大，而右彎則會比較小——左彎、右彎的差異性就從這裡開始。

接著，我們比較一下左、右彎騎乘姿勢的內側肩部、腰部以及膝蓋的位置。這有點像在玩報紙裡「大家來找碴」的遊戲，能夠清楚地看出左彎跟右彎的差異。其實，以摩托車的整流罩風鏡及煞車燈作為基準點，可以很明顯看出左彎跟右彎的差別。另外，從背部的展開面狀態（皮衣上的RIDERS CLUB字樣）來看，左彎時背部的展開會顯得比較往內側深入。但右彎時，背部則是會出現往後方移動的現象。由於這時身體是呈現一種「開闔」的狀態，所以即便是將上半身刻意往內側擺放，身體重心還是會產生分散的情況。

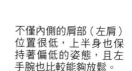

從背部的「展開面」，可以發現背部的動作呈現一種平面橫向開展的狀態，而右膝蓋的展開狀態顯得有點緊繃。

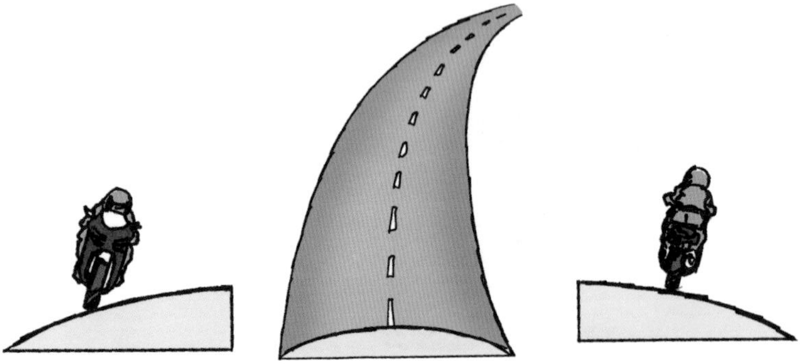

## 由於圓弧型的路面降低右彎處理難度

台灣一般的道路在建造時考慮到排水性，因此路面其實是呈現圓弧狀。這樣的設計在碰到右彎時較有利於加深過彎的傾角，而碰到左彎時就會顯得稍微吃力了，也因為拜此所賜，右彎的難度稍降了一點。

原本摩托車的傾角應該是要跟車速互相搭配的，不過由於路面的傾斜，傾角也會加深。這樣的設計會產生車身一旦拉起來後，車輛難以再次進行迴轉的問題；因此，處理左彎時，較不易抓到車速跟過彎傾角間的平衡。

當然，不僅輪胎的抓地力會因此受到改變，循跡力也會受到削弱；再來是方向穩定性的減弱，導致騎士會做含油門的動作，可說是左彎唯一較不利之處。

背部往內側深入，腰部的滑出方式不僅大方，左膝蓋的開展也顯得頗為自然。

## 軸心腳是所有運動的關鍵

不論是田徑場還是棒球場的跑壘順序都是逆時針走向，假如將這些運動通通用順時針的方向進行，那麼速度肯定會降低。這個例子證明多數人對於順時針運動都不拿手；此外，大多數的運動幾乎都沒有那種左右動作相同的現象。無論是棒球還是足球，對於「右打本格派」或是「黃金左腳」等傳說，建議把它當作個人習慣即可。一般人大都抱持著「左腳保持平衡（軸心腳）」、「右腳負責出力（慣用腳）」的觀念，但是像這種「因為右彎太難搞，乾脆就算了」的觀念可不是我們的本意。騎乘摩托車要用左、右相同的感覺來操控車輛，所以騎機車算是難度頗高的運動。

POINT 4

# 重點在於手肘跟肩部

## 試試可以克服右彎恐懼症的動作

雖然不能用相同的騎乘姿勢去處理左彎跟右彎，但其實處理右彎時要讓身體的擺動，比左彎時再大個兩成左右就行了，這就是成功征服右彎的秘訣！

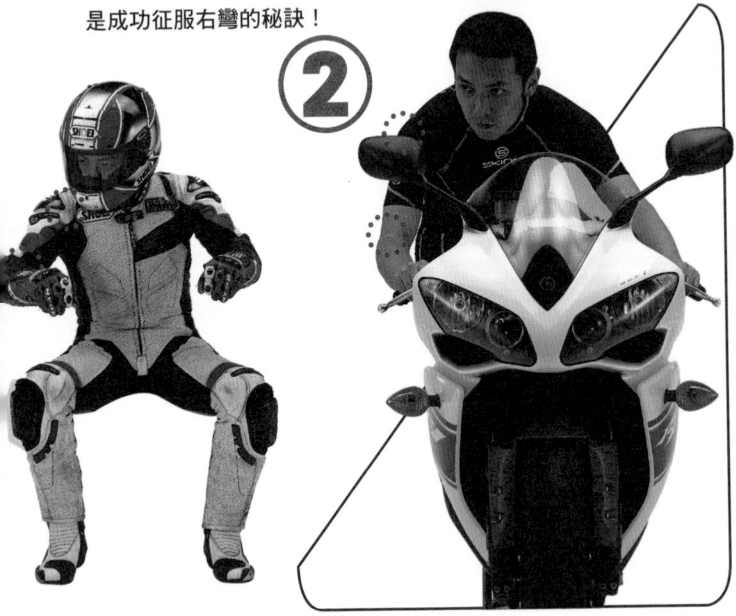

## 過彎時請壓低右手肘及肩膀

進入右彎之前，請預先做好圖１的動作，接著當車輛進入轉向動作時，請依照圖２～３的動作將右肩及右手肘壓低，但不要刻意出力，自然順暢地壓低才是關鍵。能在靜止的機車上練習這項技巧是再好不過的了，不過由於靜止的摩托車是很難直立的，所以建議可以先坐在圓板凳上練習。

### 手肘跟肩膀往下移時要稍稍往前方一點而非一味往正下方移動

將肩膀往下位移時，要稍稍往前方移動一點，有點像是將右肩膀往前輪接地點移動的感覺。放鬆肚臍附近的力量，就是肩膀往下位移並且保持放鬆的秘訣。假如在肩膀往下位移的時候出力，則不僅右手肘會顯得僵硬，身體還會變成橫向移動，左肩也跟著往上移動，請特別注意。

LEFT
1

2

③

## 過右彎時盡量別移動左肩跟左手肘

將右肩向下位移的時候，基本上左肩跟左手肘是不能動的；這麼做是要防止上半身往進彎內側橫向移動的現象發生（身體往橫向移動的話，車子是下不去的）。當然，右肩位移的時候，左肩多少會跟著移動一點，這樣的移動量是沒有問題的，所以也沒必要刻意用力防止左肩移動就是了。

## 以左肩為支點試著壓低右肩

假如試著以左肩作為支點，並且以此壓低右肩，身體不但不會「門戶大開」，重心還能完全放置於過彎的內側（右側）。從連續圖中可以看到，雖然上半身慢慢降下來，但是左手肘卻幾乎沒有移動。儘管別讓右肩往橫向移動並保持低姿態的觀念相當重要，但也不要為了此一目的而勉強身體。

## 重要操控部件集中在車輛右側所以右彎才這麼棘手嗎？

摩托車的主要操控裝置，大都位於車輛的右側，不過其實車輛在過彎過程中，基本上是不能操控煞車的，而油門則是從進彎前的轉向，到過彎中盤這段期間，都得要保持關閉的狀態（到出彎才能打開油門）。因此，油門在彎道的前半段，是應該要保持完全關閉的。

不過，會去注意這些倒也是人之常情，難不成只有在處理右彎時，才能用這些裝置嗎？

確實有些人在處理右彎時無法緊閉油門，最後只能含著油門。然而，如果在處理右彎的時候，讓原本已經相當緊繃的右手，還使力去扭轉油門的話，搞不好會陷入對把手出力的窘境。

# RIGHT ①

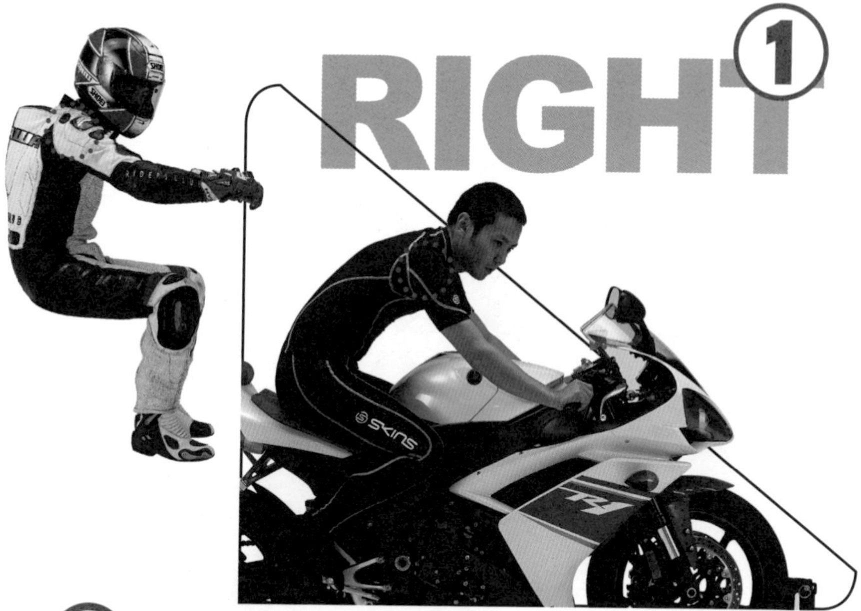

## 肩膀跟手肘壓低的同時頭部要壓低身體也要放鬆！

將右肩及右手肘往過彎內側位移的同時，建議頭部也跟著往下壓，並且往內側移動。這樣一來，身體的重心會更往彎道內側移動，過彎的力道也會跟著增加。接下來，將視線及頭部往內側移動，不過要特別注意別讓視線往下移；通常人在緊張時會做出抬起上顎的動作，此舉可是會縮短騎士的可見視線的。

### 盡量用無名指跟小指握持油門

假如覺得右手肘往下位移時有障礙，或是感覺手腕太緊繃，建議改變一下油門的握持方式。握持油門時，並不需要做到五根手指緊握的地步，只要小指跟無名指出力，其他手指做到「包覆」油門就行了，感覺上就像是握著高爾夫球桿或是網球拍的感覺。另外，握持的位置越靠近平衡端子，則效果越佳。

②

③

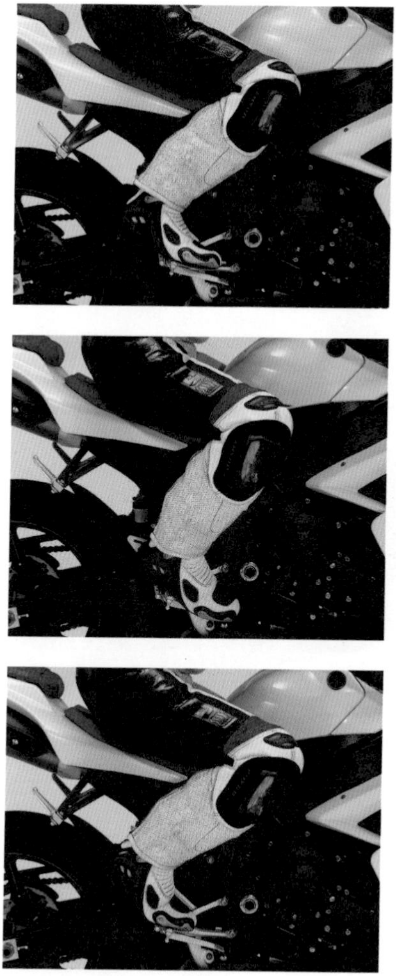

## 過彎內側的腳掌可以任意擺置

過彎時，只要記住別讓內側腳對腳踏出力就對了。例如當前腳掌放在腳踏上時，只要對腳踏用一點力，腳踝就會開始彎曲，這麼一來騎士的體重就無法完全加載於車上。此外，如果想要避免內側腳太過緊繃，可以嘗試將腳的內側向著腳踏護板，或是將鞋子的內側放置在腳踏前端。建議各位可以多多嘗試。

## 積極地讓車輛轉向

建議各位讀者在嘗試前面 STEP 1 的「中・內・中」技巧時，務必在決定轉向點時果斷一點。另外，建議將煞車拉桿作為轉向的「啟動按鈕」。首先進彎的時候，先輕輕按下煞車拉桿，以便做出 STEP 4 的騎乘姿勢；當到達轉向點時，將煞車拉桿放開，車子就會乖乖地進彎了。

就地形的條件來講，左彎的確比較困難，但是……

## 右側行車國家的騎士會覺得左彎棘手嗎？

在台灣，右側行車的騎士，會因為左彎距離較長而感到棘手嗎？右側行車的騎士不拿手的彎道跟左側行車的騎士是相反的嗎？那你就錯了。即便是住在右側行車國家的騎士，一樣會覺得右彎很棘手，因為人體的結構還是其中影響最大的因素。

另外講解一下，右側行車的情況下，假如需要進行 U 形迴轉，由於是往左迴轉，所以迴轉起來會比在日本要來得簡單許多。此外，像是駐車架大都設計在車輛的左側（這樣的設計在右側行車的國家中，下車時會有點危險），也是多數人以左腳為軸心腳的最好證明。

全世界的駐車架都統一設計在左邊，主要是考量到軸心腳為左腳的情況下，較容易下車的緣故。

## 腰部往斜前方移動 而非只是橫向移出

腰部的動作沒做好，很容易變成似是而非的「橫向移動」，這樣一來會使上半身姿勢移位讓負重分散，處於外側的膝蓋無法夾住油箱來穩定身體，於是車身少許晃動也會感到極度不安，除了降低人車一體感外，如果不小心稍微打滑的話也很難挽救。

腰部滑出的時間以及姿勢，請詳見以下的說明。現在的問題是，何時該轉向？基本上，腰部的位置不變，配合右肩跟右手肘的向下位移，上半身的重心必須預先置於過彎內側的臀部上。雖然這部份有點難度，不過只要預先將動作擺好，就不會那麼困難了。

②

## 腰部要在煞車之前<br>及早滑出以做準備

有些騎士會在進彎轉向的瞬間，快速地將腰部滑移出來，但其實在進彎前的減速時，就要先將腰部滑移出來了。當腰部滑出來的時候，注意別對腳踏或是車身任何部位施加多餘的力量。此外，移動腰部的時候，請讓腰部進行扇形移動，而非橫向直線移出。當腰部往後方拉，接著進行扇形移動後，不僅對於騎乘姿勢的固定較為有利，騎乘時騎士的體重也比較不容易從後輪跑掉。

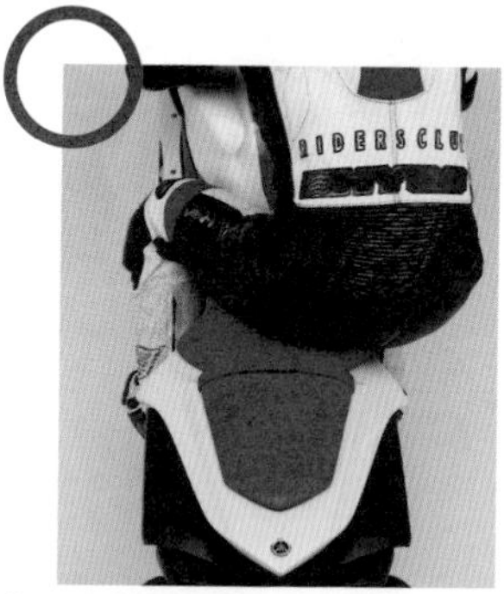

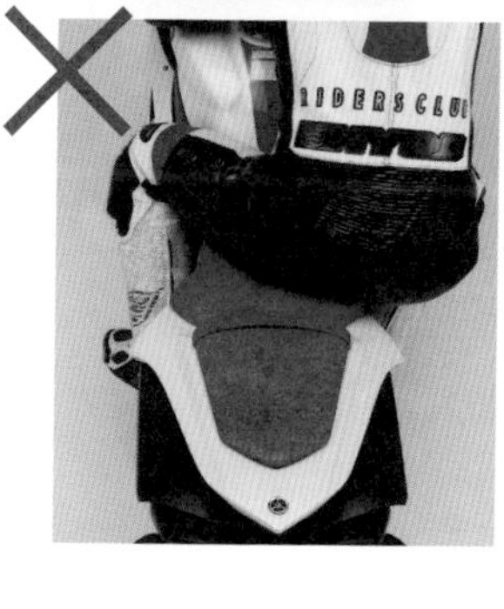

## 若僅將腰部橫向移出車輛是傾倒不下去的

將腰部滑移出去的時候，還有一點需要特別注意的是，身體一定要偏向過彎內側，並且要往斜前方擺放，這樣一來身體不僅不會「大開大闔」，重心也會完全承載在過彎內側上（請注意圖中的背部畫面）。假如僅將腰部橫向移動，重心就會分散開來。此外，腰部往橫向移動時，如果沒對腳踏施力身體是動不了的，而這股力量反而會成為阻礙車輛的動態，車身也會因為這股力量抬起來，最後造成沒法將車輛傾倒下去的情況。

POINT 5

# 改變左彎跟右彎的進彎節奏

## 你有發覺自己用同樣的節奏來處理左右彎嗎？

**通常騎士會下意識地用同樣節奏來處理左彎跟右彎**
**接下來要傳授各位的是轉向方面的中、高級過彎技巧**

習慣的進彎節奏

處理彎道的時候，通常都有一定的節奏，自己的身體也會在潛移默化之下記住這個節奏。但是，要想稍微改變一下節奏以符合各種彎道的設計，可不是那麼容易的，而且大多數騎士的彎道節奏，都是配合左彎居多。

不過面對右彎的時候就……

假如用左彎的節奏來處理右彎，反而會很容易出現進彎取線過早偏內側的問題。畢竟左、右彎道的曲率以及身體擺動上都有先天的不同，在這裡我們建議將你習慣的進彎節奏最後一段的間隔拉短，只要轉向點再明確一點，那麼相信在面對右彎時，一定可以迎刃而解的。

### 利用降檔產生的後輪扭力來幫助轉向？

大多數人在面對逐漸逼近的彎道時，都會因為緊張而早早進行降檔的動作，但作用有限。其實，有種方法可以在即將進彎之前進行降檔，並利用降檔所帶出的後輪扭力，讓車輛能夠銳利地轉向。這個方法必須要搭配身體的擺動，以及煞車釋放的技巧，才能引出車輛的強大旋回力。雖然這個手法是經驗老到的雙缸車騎士慣用的技巧，但其實在引擎低轉的狀況下使用也相當有效。不過還是要提醒各位讀者，在一開始嘗試這項技巧的時候務必小心安全，因為此技巧是有不小心就容易錯過進彎點的風險。

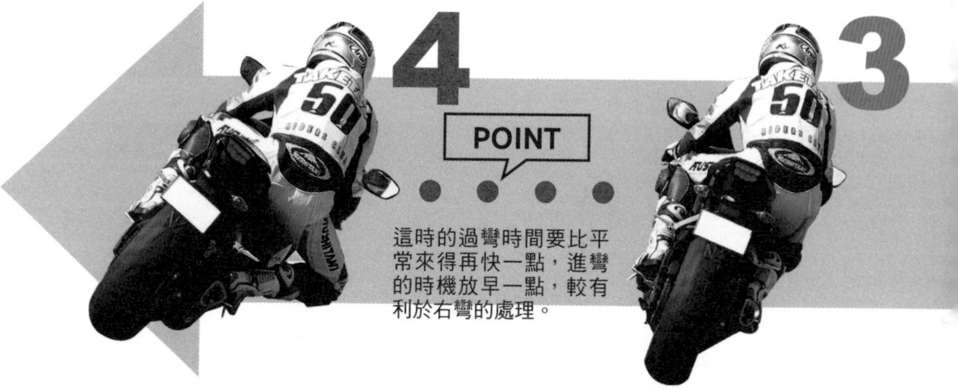


POINT

這時的過彎時間要比平常來得再快一點，進彎的時機放早一點，較有利於右彎的處理。

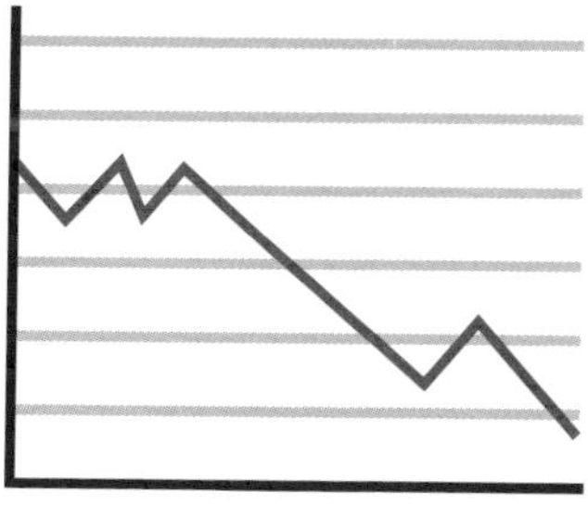

傾倒的瞬間，可利用降檔轉速升高時產生的逆向牽引力，來幫忙增強旋回的轉向力。

## 用進彎前的出腳動作計算轉向的時間

假如面對右彎時不論怎麼嘗試，都沒法把自己的重心完全加載於車上的話，建議可以試試進彎前出腳過彎的技巧。相信各位讀者也不是第一次聽到這招，但是能解釋箇中道理的人應該也不多。

出腳過彎的技巧不僅能讓身體放鬆，還能移動左側臀部的重心，不過在車輛倒下去的前一刻，要記得把腳收回來。這個技巧不僅能讓原本偏左的重心往右邊移動，而且只要這個動作就能讓車輛往右轉向；相信有些讀者見過MotoGP車手Rossi跟Pedrosa，也用過這樣的技巧。建議可以先在慢速的十字路口轉彎時練習看看。

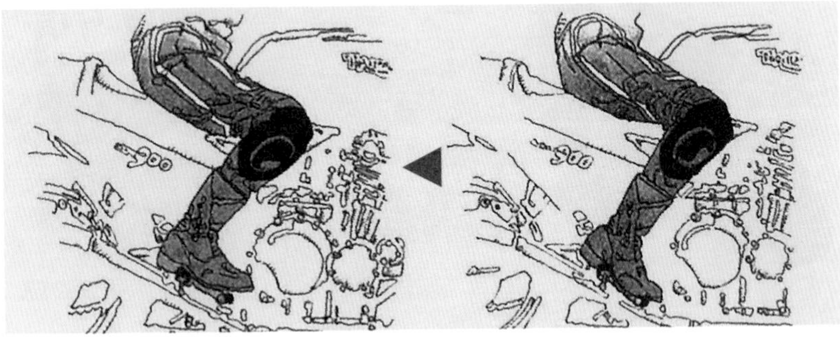

## 彎道比預想的還要險峻時

假如遇到彎道的曲率比原本所想像的還要來得險峻，那真令人措手不及啊！尤其是旋回時間較短的右彎更令人頭痛。遭遇到這樣的情況時，千萬不要用力按下前煞車拉桿，在轉向時如果前輪一口氣產生強大制動力的話很容易直接內切鎖死，在過彎時發生這種狀況就準備打滑轉倒了，所以這個時候是要先踩下後煞車踏板調整速度，依情況在使用前煞車，這樣一來可以讓減速動作更加穩定，也不會讓車身晃動使騎士感到不安，雖然一開始會有點困難，但是後煞車不僅可以調整車速，也能夠獲得跟前煞車同樣的轉向效果，請務必多加熟練

## 將煞車含到彎道深處

不少騎士常常會犯下進彎前因減速過多而再加速的錯誤，尤其是右彎時更容易發生。因此在這裡，我們建議進彎時切勿煞車煞過頭，最好是在進彎前一路含住煞車。前叉會因為這樣的動作而保持下沈狀態，接著一邊保持著有利的進彎姿態，一邊還能進行車速的調整。儘管在進彎前會很容易做出一口氣放開煞車的動作，但是如果想要車輛擁有良好的過彎效率，那麼「含煞車」的動作就是關鍵。含煞車的力道大概就像停紅綠燈時，將車停下來所用的程度。進彎前用這樣的力道含住煞車，當車輛準備傾倒下去時再放開煞車拉桿，這樣車子就會乖乖地傾倒下去了。

# THE SUPER SPORT INTERDUCE

## 超跑車款介紹

# YAMAHA
# YZF-R1

| 規格表 SPECIFICATIONS | |
|---|---|
| ・引擎形式：水冷四行程直列四缸 16 汽門 DOHC | ・車體：長寬高 2055/690/1150 mm |
| ・總排氣量：998 cc | ・軸距：1405 mm |
| ・內徑 × 行程：79×50.9 mm | ・座高：855 mm |
| ・壓縮比：13.0：1 | ・車重：199 kg |
| ・最高馬力：200hp/13500rpm | ・排檔方式：往復六檔 |
| ・最大扭力：11.5 kg -m/11500rpm | ・油箱容量：17L |
| ・前後輪尺寸：120/70/17・190/55/17 | |

YAMAHA近幾年來在比賽中的表現亮眼，因此當家超跑YZF-R1的聲明也跟著水漲船高，使用了許多來自MotoGP賽道技術的回饋，搭載YAMAHA獨自研發的各項電子設備，以及十字曲軸概念引擎，都是令這台摩托車不平凡的地方，擁有高達200匹馬力的動力性能，以及接近12公斤的扭力，讓這台車有著無與倫比的動力性能，但配有的電子控制系統卻可以輔助騎士操駕，讓騎乘跑車不再膽顫心驚，一改之前市區最速的開發概念，讓車主真正享受到跑車的賽道樂趣。

## YAMAHA
# YZF-R6

| 規格表 SPECIFICATIONS | |
|---|---|
| ・引擎形式：水冷四行程直列四缸 16 氣門 DOHC | ・車體：長寬高 2040/695/1150 mm |
| ・總排氣量：599 cc | ・軸距：1375 mm |
| ・內徑 × 行程：67×42.5 mm | ・座高：850 mm |
| ・壓縮比：13.1：1 | ・車重（濕重）：190 kg |
| ・最高馬力：118.4ps/14500rpm | ・排檔方式：往復六檔 |
| ・最大扭力：6.3 kg -m/10500rpm | ・油箱容量：17L |
| ・前後輪尺寸：120/70/17・180/55/17 | |

全新的 YZF-R6 不只從外型上注入了 R1 的元素，內在的細節上更是同樣的投入了諸多的電子配備。舉凡 ABS 系統，可提高後輪驅動效率的 TCS 系統，為求輕量化而重新開發設計的鋁合金油箱，以 CF 工法製作的鎂合金副車架等，無一不是讓車迷備感興奮的地方。在空力特性上更是提高了 8% 的效益。在整體的操控性上，由於懸吊系統的升級、煞車碟盤徑加大、加上從油箱到副車架的輕量化，以及電子控制的介入，使得全新的 R6 無論在路感的回饋或是變換車身的輕快性都獲得了更優異的表現。

# YAMAHA
# YZF-R3

| 規格表 SPECIFICATIONS | |
|---|---|
| ・引擎形式：水冷四行程直列雙缸 8 氣門 DOHC | ・車體：長寬高 2090/720/1135mm |
| ・總排氣量：321cc | ・軸距：1390mm |
| ・內徑 × 行程：68×44.1mm | ・座高：780mm |
| ・壓縮比：11.2：1 | ・車重：170kg |
| ・最高馬力：42PS/10750rpm | ・排檔方式：往復六檔 |
| ・最大扭力：3.0kgm/9000rpm | ・油箱容量：14L |
| ・前後輪尺寸：110/70/17・140/70/17 | |

去年在台灣最熱賣的黃牌跑車就屬這款YZF-R3獨占鰲頭，輕巧的車身加上雙缸42匹的出力，如果不看排氣量的話還真會誤以為是600cc的跑車，流線的外型加上如同上一級兄長所使用的整流罩設計，完全沿襲的雙燈更是讓人血脈賁張。對這一級的騎士來說絕對是夢寐以求的逸品。而這也說明了YAMAHA對此一級距車款的認真。外型的設計上延續了當家跑車的氛圍。而全新開發的雙缸水冷引擎也是使用了與兄長相同的零件。因此雖然只是300的小跑車，但無論是外型或馬力都夠讓此一級的騎士動心。加上不會太趴的騎乘姿勢，就算是當做每天都使用的代步車也很適合。

HONDA

# CBR1000RR FIREBLADE

| 規格表 SPECIFICATIONS | |
|---|---|
| ‧ 引擎形式：水冷四行程直列四缸 16 氣門 DOHC | ‧ 車體：長寬高 2065/720/1125mm |
| ‧ 總排氣量：999cc | ‧ 軸距：1415mm |
| ‧ 內徑 × 行程：76×55.1mm | ‧ 座高：820mm |
| ‧ 壓縮比：13：1 | ‧ 車體淨重：197kg |
| ‧ 最高馬力：85hp/6800rpm（台規） | ‧ 排檔方式：往復六檔 |
| ‧ 最大扭力：9.2kg-m/6800rpm（台規） | ‧ 油箱容量：16.2L |
| ‧ 前後輪尺寸：120/70/17、190/50/17 | |

身為 Honda 當家的公升級超跑，其水冷四行程並列四缸 DOHC 引擎一直是眾所矚目的焦點，在 Moto GP 賽道上強勢的表現，並將技術回饋到 CBR1000RR 上，其強悍的表現是大家有目共睹的，看似異型的車頭，能發揮絕佳的氣流控制效果。新款的壓縮比提升並採用新的凸輪軸與新式節流閥，進一步提升燃燒效率。全液晶顯示的儀表板簡單易讀，騎士能輕鬆掌握當下的車況。同時配有循跡、彎道 ABS 與騎乘模式可選等電子控制項目，不但能滿足騎士於道路及賽道上的運動樂趣，也顧及騎乘時的安全。

# HONDA
# CBR500R

| 規格表 SPECIFICATIONS | |
|---|---|
| ．引擎形式：水冷四行程直列雙缸 8 汽門 DOHC | ．車體：長寬高 2080/750/1145 mm |
| ．總排氣量： 471 cc | ．軸距：1410 mm |
| ．內徑 × 行程： 67 x 66.8 mm | ．座高： 785 mm |
| ．壓縮比：：10.7：1 | ．車重： 195kg |
| ．最高馬力： 50hp/8,500rpm | ．排檔方式：往復六檔 |
| ．最大扭力： 4.5kg-m/7,000rpm | ．油箱容量： 16.7L |
| ．前後輪尺寸：120/70/17．160/60/17 | |

自2013年首次登場後就在中量級跑車中漸漸打出一片天，充沛、輕巧、極速、有趣，簡單的形容了HONDA CBR500R。帶有公升級跑車的血統，2016年HONDA在改款上採用了更多CBR 1000RR和RC213V戰車的外觀設計，車頭和車身整流罩這次都換上更尖銳的線條造型，使整體外型大大的提升了運動感。除了車身有明顯的升級外，車燈部分改成全新的鷹眼LED燈組，油箱則從15．5公升升級至16．7公升，前叉阻尼和煞車拉桿則改成可調式，輕量化排氣尾管也經過重新設計後達到更集中有效的排氣效果。

## HONDA

# CBR250RR

| 規格表 SPECIFICATIONS | |
|---|---|
| ・引擎形式：水冷四行程並列雙缸四汽門 DOHC | ・車體：長寬高 2065/725/1095mm |
| ・總排氣量：249cc | ・軸距：1390mm |
| ・內徑 x 行程：62×41.3mm | ・座高：790mm |
| ・壓縮比：11.5：1 | ・車重：167kg |
| ・最高馬力：38ps/12500rpm | ・排檔方式：往復六檔 |
| ・最大扭力：2.3kgm/11000rpm | ・油箱容量：14L |
| ・前後輪尺寸：110/70/17、140/70/17 | |

新登場的 CBR250RR 灌注全 HONDA 精力的造車工藝，有著如同單缸車款一樣緊密的雙缸引擎，鋼管編織車架、倒立式前叉，加上鋁合金鑄造搖臂，車身許多地方都是全新的設計，明明開發者也有許多大膽的冒險嘗試，但是對於車迷來說卻有「洗鍊」的感覺，就算劇烈操駕也能讓愛車和騎士間有著極高的人車一體感，為了有效激發出動力，儀錶板的顯示方式也有著設計巧思，以及足以應付賽道騎乘的前後避震和煞車，自從 250 cc 仿賽風潮退燒以來，HONDA 的全新輕量級跑車的推出著實令人興奮不已。

# KAWASAKI ZX-10R

| 規格表 SPECIFICATIONS | |
|---|---|
| ・引擎型式：水冷四行程直列四缸 16 氣門 DOHC | ・車體：長寬高 2090/740/1145mm |
| ・總排氣量：998cc | ・軸距：1440mm |
| ・內徑 x 行程：76x55mm | ・座高：835mm |
| ・壓縮比：13：1 | ・車體淨重：206kg |
| ・最高馬力：200ps/13000rpm | ・排檔方式：往復六檔 |
| ・最大扭力：11.6kg-m/11500rpm | ・油箱容量：17L |
| ・前後輪尺寸：120/70/17・190/55/17 | |

2016年所發表的款式雖然在外觀上感覺只有小幅度的改變而沿襲舊款，然而事實上在外表底下可是全新設計的東西。包括車架以及引擎的地方都做了許多的變更。其從進、排氣閥到燃燒室，包括汽缸活塞和汽缸體也都全部翻新，曲軸箱跟變速箱也都是新的東西。此外，新的電子油門以及排氣系統，儘管都是無法從外觀一眼辨識出的改變，但可說完全是嶄新改款的機種。此外，攸關於操控性的懸吊系統，也在此次改款中下了許多功夫。與Showa共同開發的懸吊系統，完全是將賽車同等級的賽道用避震器直接使用在量產車上。而在煞車系統上，也和懸吊一樣同時昇級成競賽等級的brembo製M50幅射卡鉗。

KAWASAKI

# ZX-6R

| 規格表 SPECIFICATIONS | |
|---|---|
| ・引擎型式：水冷四行程直列四缸 16 汽門 DOHC | ・車體：長寬高 2090/705/1115mm |
| ・總排氣量：599cc | ・軸距：1400mm |
| ・內徑 x 行程：67.0x42.5mm | ・座高：815mm |
| ・壓縮比：13.3：1 | ・車體淨重：191kg |
| ・最高馬力：128ps/14000rpm | ・排檔方式：往復六檔 |
| ・最大扭力：6.8kg-m/11800rpm | ・油箱容量：17L |
| ・前後輪尺寸：120/70/17・180/55/17 | |

引擎在中低轉速的扭力飽滿，騎士對於每一階段的動力輸出有更好的預測性，設計的方向在於讓騎士可以更細膩的掌握動力輸出，不管在低、中、高轉速下，扭動油門的同時皆能清楚預測動力輸出的多寡，而中轉速域的飽滿扭力更有利於出彎的動力銜接，而且為了讓騎士可以無所顧忌地在賽道上盡力衝刺，也搭配了上一代所沒有的防甩頭，而且是採用高規格的 OHLINS 製品，可調式雙筒身設計在抑制瞬間的震盪搖擺更有效，除了在機構面強化，整車的輕量化工程也是此代 6R 的改款重點，除了從引擎的各個部件減輕重量之外，整體車架部份也都以新材質及樣式來減輕重量並維持高剛性，整輛車較前代輕約 10 kg。

# KAWASAKI
# Ninja300

| 規格表 SPECIFICATIONS | |
|---|---|
| ・引擎形式：水冷四行程並列雙缸八氣門 DOHC | ・車體：長寬高 2015/715/1110mm |
| ・總排氣量：296cc | ・軸距：1405mm |
| ・內徑 × 行程：62×49mm | ・座高：785mm |
| ・壓縮比：10.6：1 | ・車重：174kg |
| ・最高馬力：39ps/11000rpm | ・排檔方式：往復六檔 |
| ・最大扭力：2.8kg-m/10000rpm | ・油箱容量：17L |
| ・前後輪尺寸：110/70/17・140/70/17 | |

採取Ninja ZX-10R、6R引擎上運用的鋁合金汽缸壓鑄技術，加上輕量活塞等多面向的進化令Ninja300引擎整體不僅輕巧強固且擁有更大的動力極限，296cc的排氣量可以直接騎上快速道路，符合時下台灣的用路環境，新式的散熱系統能有效地將引擎產生的熱氣向下壓送，尤其在交通繁忙的市區裡更能減少引擎周邊部件的熱度，從而提升騎士的舒適性，配備部分最值得一提的，便是搭載常見於賽車，防止引擎煞車時後輪鎖死的滑動式離合器，不僅有助於順暢控制離合器，同時預防騎士在退檔減速發生狀況，讓彎中換檔不再恐懼，也是市面上唯一搭載的輕量級跑車，174公斤的輕盈車身，有助於提升車輛的操控性。

SUZUKI

# GSX-R600

| 規格表 SPECIFICATIONS | |
|---|---|
| ・引擎形式：水冷四行程直列四缸 16 氣門 DOHC | ・車體：長寬高 2030/710/1135mm |
| ・總排氣量：599cc | ・軸距：1385mm |
| ・內徑 × 行程：67×42.5mm | ・座高：810mm |
| ・壓縮比：12.9：1 | ・車重：187kg |
| ・最高馬力：124hp/13500rpm | ・排檔方式：往復六檔 |
| ・最大扭力：7.1kgm/11500rpm | ・油箱容量：17L |
| ・前後輪尺寸：120/70/17、180/55/17 | |

GSX-R600運用了Suzuki廠隊在Moto GP賽事中使用的技術，讓車輛的強度與耐久性都得到大幅提升。這些最頂尖的技術讓GSX-R600擁有十足的競爭力，實現「頂級性能」的宣言，水冷四缸引擎可輸出124hp的馬力峰值，以及7.1kg－m的扭力峰值，SUZUKI獨門的S-DMS動力模式選擇，分為全馬力輸出的A模式，以及調降動力輸出的B模式，讓GSX-R600的動力在不同道路與騎乘狀況，都能充分因應，同時增加車輛的實用性。相對輕盈的187公斤車身，有助於發揮車輛操控性，SHOWA 41㎜ Big Piston前叉搭配Brembo卡鉗，增加過彎的順暢度。GSXR家族的特色，讓GSX-R600在賽道與市場上，展現出不容忽視的競爭力。

## BMW
# S1000RR

| 規格表 SPECIFICATIONS | |
|---|---|
| ・引擎形式：水油冷四行程直列四缸 16 氣門 DOHC | ・車體：長寬高 2050/826/1140 mm |
| ・總排氣量： 999 cc | ・軸距：1438 mm |
| ・內徑 × 行程： 80 x 49.7 mm | ・座高：815 mm |
| ・壓縮比：：13：1 | ・車重： 204kg |
| ・最高馬力： 199hp/13,500rpm | ・排檔方式：往復六檔 |
| ・最大扭力： 11.52 kg -m/10,500rpm | ・油箱容量： 17.5L |
| ・前後輪尺寸：120/70/17・190/55/17 | |

2015 年 BMW 已利用最先進的科技全面修改這台賽道級跑車，外型上調整整流罩的弧度和流線、加大面積經典的不對稱頭燈，新款風鏡和兩側鯊魚鰓整流罩等等。在 2017 年改款中也經過了不少改良，使整台車變得更加完美。這次的改款除了將引擎規格調整到符合 EURO4 環保法規外，ABS Pro 系統也新增了 Riding Modes Pro 和標配的 DTC。單人坐墊的設定和後座蓋也是標配，讓整體外型看起來更有運動賽車風。999cc 四缸引擎在經過調整後動力輸出仍保持在 199hp 內，11.52kg.m 的扭力值也如同上一代不變，且在任何轉速之下都能享有最高扭力值。

SUZUKI

# GSX-R1000

| 規格表 SPECIFICATIONS | |
|---|---|
| ・引擎形式：水冷四行程直列四缸 DOHC | ・車體：長寬高 2075/710/1150mm |
| ・總排氣量：999.8cc | ・軸距：1405mm |
| ・內徑 × 行程：76×55.1mm | ・座高：825mm |
| ・壓縮比：13.2：1 | ・車重：203kg |
| ・最高馬力：202ps/13200rpm | ・排檔方式：往復 6 檔 |
| ・最大扭力：12kg-m/10800rpm | ・油箱容量：17.5L |
| ・前後輪尺寸：120/70/17・190/55/17 | |

全新的 GSX-R 1000 使用了大量從 MotoGP 而來的技術。以氣門系統來說，也就是鈴木自家的 SRVVT 氣門可變系統，達到簡單、緊湊，以及輕量又具信賴性的高動力輸出。氣閥機構變更為 Finger follower 的方式，減少了重心質量的影響以及磨擦上的損耗，對於高轉速域的表現有著實質上的助益。在電控裝置上，GSX-R 1000 具有電子油門、動態牽引力控制、動力輸出切換 (S-DMS)、運動煞車系統藉由 IMU 的三軸感測車身的前後俯仰、左右偏移與滾動的方向，從而抑制在重煞車時後輪浮起的不利影響。在車架結構上，應用最新的分析技術使得新車架比舊款的輕了 10%，剛性強度卻更高。

# MV AGUSTA
# F3 RC

| 規格表 SPECIFICATIONS | |
|---|---|
| ・引擎形式：水冷四行程直列三缸 DOHC | ・車體：長寬高 2060/725/NAmm |
| ・總排氣量：675 cc // 798 cc | ・軸距：1380mm |
| ・內徑 × 行程：79×45.9mm | ・座高：805mm |
| ・壓縮比：13：1 | ・車重：173kg |
| ・最高馬力：128hp/14400rpm // 148hp/13000rpm | ・排檔方式：往復 6 檔 |
| ・最大扭力：7.24kgm/10900rpm // 8.97kgm/10600rpm | ・油箱容量：17.5L |
| ・前後輪尺寸：120/70/17・180/55/17 | |

直列三缸引擎，汽缸採用前傾35度的安裝，用上DOHC正時系統配以四鈦合金閥門。F3備有兩個排氣量版本：675及800，800版本的缸徑跟675一樣，但衝程加長了。800版引擎的最大力達到148匹，轉數紅區設於13500rpm。

車身配備MVICS（Motor & Vehicle Integrated Control System）電腦，電子油門及快速轉檔器是必備的設定。防打滑亦是F3 RC的強項之一，共有八段可調，只要利用把手的按鈕就可以更改設定。F3的車架採用鋼管編織車架，採用576・5㎜的單搖臂。F3 RC配上了43㎜ Marzocchi全調校式倒立前叉，車尾是Sachs附氮氣樽的全調校式尾避震，操控性能不同凡響。

DUCATI

# 959 PANIGALE

| 規格表 SPECIFICATIONS | |
|---|---|
| ・引擎形式：水冷四行程 L 型雙缸 DOHC | ・車體：長寬高 2056/810/1115mm |
| ・總排氣量：955 cc | ・軸距：1431mm |
| ・內徑 × 行程：100×60.8mm | ・座高：830mm |
| ・壓縮比：12.5：1 | ・車重：176kg |
| ・最高馬力：157hp/10500rpm | ・排檔方式：往復六檔 |
| ・最大扭力：10.9kgm/9000rpm | ・油箱容量：17L |
| ・前後輪尺寸：120/70/17・200/55/17 | |

無論是大排氣量 1299 還是中量級的 749，DUCATI 一直都是許多人期望自己車庫能擁有的一台美車。2016 年推出「超級中階跑車」，也就是過去在賽事中表現出色的 916 進化版 959 Panigale。959 的 955cc 引擎的缸徑行程升級至 100 × 60.8 ㎜，讓性能反應更快、更強大，在賽道上也表現出色，一般街道使用也能讓人有自在感。引擎輸出比 899 多 6% 的馬力和 8% 的扭力，而 DUCATI 則稱扭矩重量比已提升 4%，這也是為什麼 959 比 899 在騎乘體驗上面更加好駕馭的主要原因。最主要的是這次電控部分搭配的程式相當簡易，這對許多跑車入門者來說能非常有信心的去探索和體驗車子的極限。

## KTM
# RC390

| 規格表 SPECIFICATIONS | |
|---|---|
| ・引擎型式：水冷四行程單缸四氣門 DOHC | ・車體：長寬高 N/A ㎜ |
| ・總排氣量：375cc | ・軸距：1340 ㎜ |
| ・內徑 x 行程：89X60 ㎜ | ・座高：820 ㎜ |
| ・壓縮比：12.5：1 | ・車重：147kg |
| ・最高馬力：44hp/9500rpm | ・排檔方式：往復六檔 |
| ・最大扭力：3.9kgm/7250rpm | ・油箱容量：10L |
| ・前後輪尺寸：100/70/17・150/60/17 | |

RC390在經過一番汰舊換新後，它身上所剩下的便全屬不可或缺的部分，它靈巧、刁鑽、快速，又極端的輕便，可謂天生就有跑車的架勢。不管是馳騁在鄉間道路還是賽車車道上，這款具有Moto 3基因的RC390對每一個動作都能「見微知著」，並源源不斷的散發出純賽車場上的感覺。2017年的RC390除了把塗裝換下外，更搭上符合EURO4排放標準的引擎，以及全新的制動系統和排放系統。RC系列機種以獨特空力學外型取勝，而鋼管車架配上水冷單缸引擎，更展現出仿賽風格的一面，同時在配備上KTM也導入不少公升級跑車的配備，使它成為市場上最強、最輕的小跑車款之一。

流行騎士系列叢書

# 重機操控升級計畫

編　　者：流行騎士編輯部
執行編輯：林建勳
文字編輯：倪世峰、林建勳
美術編輯：陳柏翰、林婉青

發 行 人：王淑媚
出版發行：菁華出版社
地　　址：台北市 106 延吉街 233 巷 3 號 6 樓
電　　話：(02)2703-6108
社　　長：陳又新
發 行 部：黃清泰
訂購電話：(02)2703-6108#230
劃撥帳號：11558748

印　　刷：科樂印刷事業股份有限公司
(02)2223-5783
http://www.kolor.com.tw/site/

定　　價：新台幣 350 元
版　　次：2017 年 7 月初版

ISBN：978-957-99315-8-8
Printed in Taiwan

TOP RIDER
流行騎士系列叢書